改訂版

生 物

早わかり 一問一答

河合塾講師
榊原 隆人

JN048616

*この本は、小社より2016年に刊行された『生物早わかり
　一問一答』の改訂版であり、最新の学習指導要領に対応させ
　るための加筆・修正をいたしました。
*この本には、「赤色チェックシート」がついています。

大学合格新書

「大学合格新書」はこんなシリーズです！

◎ハンディタイプ

ポケットに入る大きさなので，持ち運びに便利です。自宅学習のほか，通学の途中や学校・図書館など，**時と場面を選ばずに使えます**。

◎スムーズな学習ができる

各テーマが**見開き2ページ完結**なので，短時間で要点をつかむことができます。一部，発展的な内容も含まれていますが，思いのほかサクサク進められます。

◎効率的に覚えられる

ページ全体を赤色チェックシートで覆うことにより，**覚えるべき事項をまとめて隠す**ことができます。シートを移動させる手間が少ないので，ストレスなく記憶できます。

◎日常学習から入試対策まで

学力の基盤となる用語や法則などが，全般的に収録されています。そのため，共通テストなどの大学入試対策のほか，定期テスト対策としても使えます。

◎多様な使い方ができる

単元ごとにテーマ立てされているので，授業の予習や復習に最適です。また，重要事項がコンパクトにまとまっているので，**試験直前の最終確認に威力を発揮**します。

◎最前線の情報

大手予備校講師が，最新の学習課程と入試傾向に基づいて執筆しました。著者の指導ノウハウが凝縮されているので，**抜群の学習効果**が期待できます。

この本の特長と使い方

☞ 本書は，『生物』の重要事項を，"一問一答"のスタイルによって理解・記憶・定着させていく問題集です。本書の構成の基本単位は「テーマ」であり，計 137 の「テーマ」によって『生物』の全範囲をカバーしています。

　また，一つの「テーマ」はすべて見開き 2 ページ完結のレイアウトとなっています。

☞ 見開きの左ページには，設問が掲載されています。

◆ 設問の冒頭には A ～ C の 3 段階のレベルが表示されています。

　A：すべての学習者にとって必須の内容。教科書の太字レベル，および，学校の定期テストに出題されるレベル。

　B：共通テスト受験者にとって必須の内容。共通テストにおいて 8 割の得点が可能なレベル，および，入試基礎～標準レベル。

　C：共通テストで 9 割以上の得点が可能なレベル。および，難関の国公立大・私立大受験者が到達しておくべきレベル。

◆ 設問は，原則として，一つの問いに対して答えが一通りに決まる，文字どおりの"一問一答"式です。やさしい設問が中心ですが，いずれもエッセンスをたっぷり含んだ良問ぞろいです。

☞ 見開きの右ページには，「出るポイント」，「解説」と「解答」が掲載されています。

◆ 「出るポイント」は，「テーマ」の重要ポイントをわかりやすいことばで短くまとめています。知識の確認にも活用しましょう。

◆ 「解説」は図や表を使ってコンパクトで，とてもわかりやすいものに仕上がっています。

◆ ページの下に「解答」が掲載されています。

はじめに

◎Ａ・Ｂ・Ｃの表記で効率よく学習

新課程になって『生物』の教科書は厚くなり，扱われる内容がかなり多くなって，内容も難しくなったよね。さらに，教科書に記載されている内容には，「参考」や「話題」，さらには「発展的な学習」なども多くあるよね。でも，これらは，すべてが入試で出題されるわけじゃないんだ。また，教科書の出版社によって扱いがまちまちで，同じ内容でもＰ社では本文に，Ｑ社では「参考」に記載され，Ｒ社では全く記載がないなんてこともたくさんあるんだ。

そこで，①複数の**教科書を分析**し，②近年の**入試問題の出題頻度**を分析し，さらには，③新課程になって**新たに出題されるようになる内容**を予想し，分類したんだ。①・②・③の分析・予想から，必ず押さえておかなければならない内容のものには**Ａ**，一部の教科書にしか扱われていない内容や発展的な内容のものには**Ｂ**（あるいは**Ｃ**）の表示をつけた。だから，まず初めに，**全体を大まかに勉強したい**という人や共通テストだけに必要な人は，**Ａ**の問題のみを学習しよう。そして，二次の入試でも必要な人は，２回目に**Ｂ・Ｃ**の問題まで学習するようにするといいよ。

◎教科書の内容にピッタリ

本書の一番の特長は，「**教科書の内容に忠実に従っている**」ということなんだ。どこも省略せず，どこも詳しすぎずに**全分野をバランスよく**扱っているよ。

多くの受験生が陥りがちなのが，好きな分野はトコトン学習するんだけど，そうでない分野はあまりやらずに，苦手分野をつくってしまうことなんだ。これでは，本番の試験で苦手分野が出題されると大きく失点して……，という結果になりかねないよね。だから，全分野をバランスよく学習するということが，あたりまえだけど，とても大事なことなんだ。

◎少しの時間でも学習しやすい

本書は取り組みやすい一問一答式で，さらに，内容が細かくテーマ別に分けられているんだ。**テーマごとに内容が完結している**ので，少しの時間でも学習しやすい形になっているよ。電車の中の時間，寝る前の少しの時間に，**スマホをもつのをやめて本書でどんどん学習していこう。**

◎丸暗記にならないように

『生物』の勉強は，「覚えればよい」と思われがちだよね。確かに入試でも，空欄補充などで知識を尋ねる問題が多く出題されるんだけど，ただ用語を丸暗記するだけではダメなんだ。必ず内容を理解したうえで覚えていかないと，入試に通用する学力になっていかないんだよ。一つひとつの用語を，「何となくこんな感じ」ではなく，**内容を正しく理解したうえで覚えていくようにしよう。**

◎知識の定着を

一度は覚えたのに試験でその語句が出てこなかった，という経験は誰にでもあるよね。内容が理解できたら，それをしっかり定着させていこう。それにはやっぱり反復練習ということになるんだけど，そこで，本書のもう一つの特長である右ページの「出るポイント」と「解説」を活用してほしいんだ。「出るポイント」は，左ページで扱った内容の"まとめ"になっていて，「解説」は視覚的にとらえてもらうために，図や表を用いて説明してあるよ。これらを用いて，内容をまとめ，定着させるようにしよう。

◎最後に

教材作成，模試作成の仕事を一緒にさせていただいている河合塾の先生方には，いろいろな形でご指導いただき，感謝しています。その経験が生かされて，今回本を出すことができました。

榊原　隆人

● も く じ ●

「大学合格新書」はこんなシリーズです！　*2*
この本の特長と使い方　*3*
はじめに　*4*

第1章　生物の進化

第1節　生命の起源と細胞の進化

テーマ 1　化学進化　*12*
テーマ 2　自己複製と代謝の起源　*14*
テーマ 3　生物の出現とその発展　*16*
テーマ 4　地球環境の変化と生物の変遷　*18*
テーマ 5　原核生物から真核生物へ　*20*

第2節　遺伝子の変化と進化のしくみ

テーマ 6　遺伝子の変化　*22*
テーマ 7　染色体と遺伝子　*24*
テーマ 8　減数分裂　*26*
テーマ 9　減数分裂による遺伝子の組合せ　*28*
テーマ 10　遺伝子の連鎖と組換え　*30*
テーマ 11　染色体地図　*32*
テーマ 12　自然選択　*34*
テーマ 13　遺伝的浮動と中立進化　*36*
テーマ 14　現代の進化理論　*38*
テーマ 15　擬態，性選択，共進化　*40*
テーマ 16　ハーディ・ワインベルグの法則　*42*
テーマ 17　分子進化　*44*
テーマ 18　分子系統樹　*46*
テーマ 19　遺伝子の機能的制御　*48*

第3節　生物の系統と進化

テーマ 20　生物の分類と系統　50
テーマ 21　生物の分類体系　52
テーマ 22　植物の分類と系統　54
テーマ 23　動物の分類と系統①
　　　　　　〜形態による分類と分子による分類　56
テーマ 24　動物の分類と系統②　〜脊索動物　58
テーマ 25　人類の進化　60

第2章　生命現象と物質

第4節　細胞と分子

テーマ 26　生物体を構成する物質　62
テーマ 27　細胞の構造①
　　　　　　〜核・ミトコンドリア・葉緑体　64
テーマ 28　細胞の構造②
　　　　　　〜リボソーム・小胞体・ゴルジ体など　66
テーマ 29　細胞骨格　68
テーマ 30　生体膜の働きと構造　70
テーマ 31　細胞膜の物質の輸送　72
テーマ 32　飲食作用と開口分泌,細胞内の物質の輸送　74
テーマ 33　タンパク質の立体構造　76
テーマ 34　タンパク質の立体構造と機能　78
テーマ 35　酵素の性質　80
テーマ 36　補 酵 素　82
テーマ 37　酵素反応の速度　84
テーマ 38　酵素反応の調節　86
テーマ 39　免疫に関わるタンパク質①　〜抗体　88
テーマ 40　免疫に関わるタンパク質②
　　　　　　〜MHC，HLA　90
テーマ 41　情報伝達とタンパク質　92
テーマ 42　細胞接着とタンパク質　94

第5節 **代 謝**

テーマ 43 呼吸のしくみ① ～解糖系, クエン酸回路 *96*

テーマ 44 呼吸のしくみ② ～電子伝達系 *98*

テーマ 45 脱水素酵素の実験 *100*

テーマ 46 発 酵 *102*

テーマ 47 呼 吸 商 *104*

テーマ 48 光合成色素 *106*

テーマ 49 光合成の過程①
～チラコイドで起こる反応 *108*

テーマ 50 光合成の過程②
～ストロマで起こる反応 *110*

テーマ 51 C_4植物, CAM 植物 *112*

テーマ 52 細菌の光合成, 化学合成 *114*

第3章 遺伝情報の発現と発生

第6節 **遺伝情報とその発現**

テーマ 53 DNA の構造 *116*

テーマ 54 DNA の複製 *118*

テーマ 55 遺伝情報の流れ *120*

テーマ 56 遺伝情報の転写 *122*

テーマ 57 遺伝情報の翻訳 *124*

テーマ 58 原核生物のタンパク質合成 *126*

第7節 **発生と遺伝子の発現**

テーマ 59 原核生物における遺伝子の発現調節 *128*

テーマ 60 真核生物における遺伝子の発現調節 *130*

テーマ 61 その他の遺伝子発現の調節
～パフ, ホルモン *132*

テーマ 62 RNA 干渉 *134*

テーマ 63 動物の配偶子形成 *136*

テーマ 64 受 精 *138*

テーマ 65　初期発生の過程　*140*

テーマ 66　ウニの発生過程　*142*

テーマ 67　カエルの発生過程①
　　　　　　〜卵割から原腸胚　*144*

テーマ 68　カエルの発生過程②
　　　　　　〜原腸胚から神経胚　*146*

テーマ 69　体軸の決定　*148*

テーマ 70　誘導と形成体　*150*

テーマ 71　神経誘導のしくみ　*152*

テーマ 72　シュペーマンの実験　*154*

テーマ 73　誘導と反応能　*156*

テーマ 74　形態形成を調節する遺伝子　*158*

テーマ 75　細胞の分化と全能性　*160*

テーマ 76　ES 細胞と iPS 細胞　*162*

第8節　遺伝子を扱う技術

テーマ 77　遺伝子組換え　*164*

テーマ 78　PCR 法　*166*

テーマ 79　バイオテクノロジー　*168*

第4章　生物の環境応答

第9節　動物の反応と行動

テーマ 80　刺激の受容　*170*

テーマ 81　眼の構造　*172*

テーマ 82　眼の働きとしくみ　*174*

テーマ 83　聴　　覚　*176*

テーマ 84　いろいろな受容器　*178*

テーマ 85　神経細胞の構造　*180*

テーマ 86　静止電位と活動電位　*182*

テーマ 87　興奮の伝導　*184*

テーマ 88　刺激の強さと感覚の強さ　*186*

テーマ 89 　興奮の伝達 *188*
テーマ 90 　脊髄の構造と興奮の伝達経路 *190*
テーマ 91 　反　射 *192*
テーマ 92 　筋肉の種類と構造 *194*
テーマ 93 　筋収縮のしくみ *196*
テーマ 94 　動物の行動① 　～生得的行動 *198*
テーマ 95 　動物の行動② 　～ミツバチのダンス *200*
テーマ 96 　動物の行動③ 　～学習による行動 *202*

第10節　植物の環境応答

テーマ 97 　被子植物の配偶子形成 *204*
テーマ 98 　重複受精 *206*
テーマ 99 　胚と種子の形成 *208*
テーマ 100 　植物の器官の分化 *210*
テーマ 101 　花の形成と遺伝子による制御 *212*
テーマ 102 　屈性・傾性 *214*
テーマ 103 　オーキシンの性質 *216*
テーマ 104 　オーキシンおよび他のホルモンの働き *218*
テーマ 105 　種子の発芽 *220*
テーマ 106 　光受容体 *222*
テーマ 107 　気孔の開閉 *224*
テーマ 108 　花芽形成① 　～限界暗期 *226*
テーマ 109 　花芽形成② 　～花芽形成のしくみ *228*
テーマ 110 　いろいろな植物ホルモン①
　　　　　　　～ジベレリン・エチレン *230*
テーマ 111 　いろいろな植物ホルモン② 　～まとめ *232*

第5章　生態と環境

第11節　個体群と生物群集

テーマ 112 　個体群 *234*
テーマ 113 　個体数の推定法 *236*

テーマ 114 密度効果 *238*

テーマ 115 生命表と生存曲線 *240*

テーマ 116 生物の繁殖戦略 *242*

テーマ 117 個体群の齢構成 *244*

テーマ 118 群　　れ *246*

テーマ 119 縄張り①　〜密度と縄張りの関係 *248*

テーマ 120 縄張り②　〜最適な縄張りの大きさ *250*

テーマ 121 順位制とつがい関係 *252*

テーマ 122 共同繁殖・社会性昆虫 *254*

テーマ 123 種間競争 *256*

テーマ 124 被食−捕食関係 *258*

テーマ 125 共生と寄生，種間関係のまとめ *260*

第12節　生 態 系

テーマ 126 生態系の物質生産 *262*

テーマ 127 生産構造図 *264*

テーマ 128 さまざまな生態系における物質生産 *266*

テーマ 129 炭素の循環とエネルギーの流れ *268*

テーマ 130 窒素同化・窒素固定 *270*

テーマ 131 窒素の循環 *272*

テーマ 132 生態ピラミッド・エネルギー効率 *274*

テーマ 133 生物多様性 *276*

テーマ 134 か　く　乱 *278*

テーマ 135 個体群の絶滅 *280*

テーマ 136 人間活動が生態系に及ぼす影響①
　　　　　　〜自然浄化 *282*

テーマ 137 人間活動が生態系に及ぼす影響②
　　　　　　〜地球温暖化 *284*

さくいん *286*

テーマ 1 | 化学進化

B ☑ ❶ 地球が誕生したのは，約何億年前か。

A ☑ ❷ 原始地球の大気の主成分と推定される気体を3つ答え
よ。

A ☑ 次の文章の空欄❸・❹に適語を入れよ。

原始地球では，高温・紫外線・高圧などによって，無
機物から低分子の ❸ が合成され，さらに，高分子の
❸が合成され，これらの働き合いによって生命が誕生し
たと推定される。このような，生命誕生に至るまでの生
物体に必要な物質の生成過程を ❹ という。

C ☑ ❺ 1950年代に，原始地球の大気成分を想定した気体をガ
ラス容器に入れ，高電圧の放電を行うことでアミノ酸が
できることを示す実験を行った研究者は誰か。

A ☑ ❻ 海底で，熱水とともにメタン CH_4，アンモニア NH_3，
水素 H_2，硫化水素 H_2S などが噴出している場所を何と
いうか。

B ☑ ❼ 原始地球の❻のような環境下では，どのようなことが
起こったと考えられているか。

A ☑ 次の文章の空欄❽・❾に適語を入れよ。

❸から生命が誕生するためには，(1)外界と膜で仕切ら
れた「まとまり」をつくり，(2)生物体内で行う化学反応
である ❽ を行う能力と，(3)自己と同じものを ❾
する能力が必要である。

C ☑ ❿ オパーリンによって提唱され，**原始生命体の初期段階**
であるとされる**液滴**を何というか。

原始地球の大気には酸素は，ほとんどなかったんだね

原始地球は，雷，紫外線，高温，高圧で
とても激しい状態だったんだ

❻は1970年代の終わりごろ，世界のいろ
いろな海域の深海底で発見されたんだって

出るポイント

- 地球は約46億年前に誕生し，それからおよそ6億年後（約40億年前）に**最初の生命が誕生**したと考えられている。

- 生命が誕生する以前の，生命体に必要な物質がつくり出されていく過程を化学進化という。

- 海底の熱水噴出孔では，メタン CH_4，アンモニア NH_3，水素 H_2，硫化水素 H_2S などが噴出しており，原始地球のこのような環境下でアミノ酸などの有機物が合成されたと考えられ，さらには，化学進化が起こって**生命が誕生した場所**である可能性がある。

- 生命体は，(1)外界との境界となる膜を形成し，(2)秩序だった代謝を行う能力と(3)自己複製を行う能力が必要である。

解　説 ：化学進化の過程

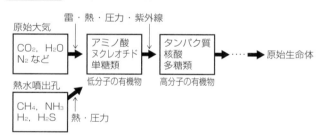

解　答

❶ 46億年前　❷ 二酸化炭素 CO_2，水蒸気 H_2O，窒素 N_2 など　❸ 有機物　❹ 化学進化　❺ ミラー　❻ 熱水噴出孔
❼ 有機物が合成された〔化学進化が起こって生命が誕生した〕
❽ 代謝　❾ 複製　❿ コアセルベート

自己複製と代謝の起源

A☑　次の文章の空欄❶・❷に適語を入れよ。

　　現在の生物では，　❶　からなる酵素が触媒として働き，代謝を制御している。一方，遺伝情報を担う物質は　❷　である。

　　生物が生きていくためには秩序だった代謝が行われる必要がある。また，生物は自己と同じものを複製（自己複製）するという特徴をもち，自己複製するには，遺伝情報を担う物質とその複製を触媒する酵素の両方が必要である。

A☑　次の文章の空欄❸・❹に適語を入れよ。

　　❷の遺伝情報をもとに❶が合成されるが，その一方で，❷の合成（複製）には❶からなる酵素が必要である。生命の誕生をもたらしたのは，❶と❷のどちらであったのかという議論があった。

　　1980年代に　❸　に触媒作用をもつものがあることがわかった。このことから，原始生物の遺伝情報は❷ではなく❸が担い，かつ酵素の役割も果たしていたと考えられる。このように，原始生物において，❸が**自己複製と代謝**を担っていたと考えられる時代を　❹　という。そのあと，❸と❶が協調して触媒作用を担うようになった時代があると考えられている。

A☑　次の文章の空欄❺〜❽に適語を入れよ。

　　❸の構造は　❺　で，二本鎖構造である　❻　に比べて**不安定**なので，やがて安定な物質である❻が遺伝情報を担うようになった。また，触媒作用も❸より　❼　の方がより**効率的**に行うことができる。この結果，❸が遺伝情報と触媒作用の両方を担っていた時代から，それぞれの役割が❻と❼に取って代わられるようになった。現在のように，❻が遺伝情報を，❼が触媒作用を担う時代を　❽　という。

第1節

第2節

第3節

第4節

第5節

第6節

出るポイント

- 生物が生きていくためには代謝が行われる必要がある。
- 生物は自己複製するという共通の特徴をもつ。
- 自己複製するには，遺伝情報を担う物質とその複製を触媒する酵素の両方が必要である。
- 原始生物では RNA が**遺伝情報と触媒作用の両方**を担っていた（RNA ワールド）。
- その後，遺伝情報は DNA が，触媒作用はタンパク質が担うようになった（DNA ワールド）。

解　説：RNA ワールドから DNA ワールドへ

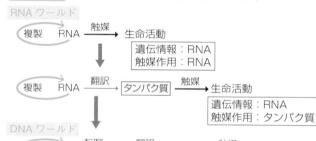

一人二役は大変！
効率も悪いよね

担当をそれぞれ分けたんだね

解　答

❶ タンパク質　❷ DNA　❸ RNA　❹ RNA ワールド
❺ 一本鎖　❻ DNA　❼ タンパク質　❽ DNA ワールド

生物の出現とその発展

A☐ 次の文章の空欄❶〜❺に適語を入れよ。

　　最初の生物は，原始地球の海に蓄積されていた　❶　を取り込んでエネルギーを得る　❷　栄養生物であったと考えられてきた。しかし，最近の研究では，化学エネルギーや光エネルギーを利用して❶を合成する　❸　栄養生物であったとする説もある。この❸栄養生物は現在の　❹　細菌や　❺　細菌に近い生物である。

A☐ 次の文章の空欄❻〜❿に適語を入れよ。

　　最初の❸栄養生物は，　❻　や水素 H_2 などを酸化して得られるエネルギーを使って，二酸化炭素 CO_2 を還元していた。このような生物が行う光合成では　❼　の発生はみられない。その後，　❽　を分解することで CO_2 を還元し，その際，❼を放出する光合成を行う生物が現れた。このような❼発生型光合成を行う生物が　❾　である。❾が存在したことを示すのは，約27億年前の地層から見つかった　❿　とよばれる層状構造をもつ岩石で，❾によってつくられたものである。

A☐ 次の文章の空欄⓫・⓬に適語を入れよ。

　　❾による光合成で放出された❼は，はじめは海水中の　⓫　イオンなどと結合して沈殿し，縞状鉄鉱層を形成した。さらに，環境中の❼が増加すると，❼の強い酸化作用を利用して，有機物を分解してエネルギーを得る反応である　⓬　を行う生物が出現・繁栄した。

現在利用している鉄は，そのほとんどが縞状鉄鉱層から掘り出された鉄鉱石からつくられたものなんだって

出るポイント

- 最初の生物は嫌気性の従属栄養生物であったと考えられていたが，光合成細菌や化学合成細菌のような独立栄養生物も存在していたと考えられるようになった。
- 光合成細菌の光合成は硫化水素 H_2S などを用いるので，酸素 O_2は発生しない。
- 材料として水 H_2O を用いる**酸素発生型の光合成**を行うシアノバクテリアが現れた。
- シアノバクテリアの光合成により，環境中の O_2 が増加すると，O_2を用いて有機物を分解する呼吸を行う好気性生物が出現し，繁栄した。

解　説：初期の生物の変遷

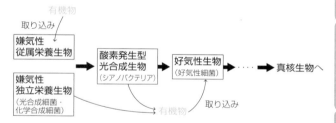

❻は地球上の限られた場所にしか存在しないけど，❽はどこでも豊富に存在するよね

これによって，生物は生息域を拡大できたんだ。この代謝系の進化はとても大きなできごとだったんだね

解　答

❶　有機物　❷　従属　❸　独立　❹・❺　化学合成・光合成
❻　硫化水素〔H_2S〕　❼　酸素〔O_2〕　❽　水〔H_2O〕　❾　シアノバクテリア　❿　ストロマトライト　⓫　鉄　⓬　呼吸

A☐ 次の文章の空欄❶〜❸に適語を入れよ。

　約5億年前には，藻類が繁栄して大気中の ☐❶☐ が増加した。その結果，❶は紫外線により ☐❷☐ に変わり，これが上空で❷層を形成した。❷層は生物にとって有害な ☐❸☐ を吸収するので，これにより生物は陸上でも生活できるようになった。

B☐❹ 地球の誕生後，最古の岩石が形成されてから現在までの期間を何というか。

A☐ 次の文章の空欄❺〜❽に適語を入れよ。

　❹は約5.4億年前を境に，それ以前の化石のあまり出現しない ☐❺☐ 時代とそれ以降に分けられる。それ以降は主に動物の化石種の出現・絶滅をもとに，古い方から順に ☐❻☐ ，☐❼☐ ，☐❽☐ に分けられる。また，それぞれの代はさらに細かくいくつかの紀に分けられる。

A☐❾ ある特定の時代に限って産出される化石を何というか。

A☐❿ ❻の代における❾の例をあげよ。

A☐⓫ ❼の代における❾の例をあげよ。

A☐⓬ サンゴは温暖な浅い海にしか生息しないので，サンゴの化石が含まれていれば，その地層の堆積時の環境を推定できる。このような化石を何というか。

出るポイント

- 光合成生物によって放出される酸素 O_2 によりオゾン層が形成された。
- オゾン層が有害な**紫外線を吸収**するので，地表に届く紫外線量が減り，生物の陸上進出が可能になった。
- **特定の地質時代のみ**で生存し，広範囲に生息していた生物の化石を示準化石という。その地層の堆積した年代を推定することができる。
- 特定の環境のみで生育する生物の化石を示相化石という。その地層の堆積当時の**環境を推定できる**。

解　説：大気組成の変化

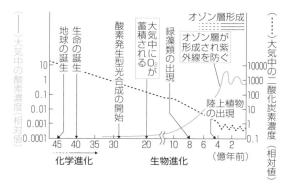

解　答

❶ 酸素〔O_2〕 ❷ オゾン〔O_3〕 ❸ 紫外線 ❹ 地質時代
❺ 先カンブリア ❻ 古生代 ❼ 中生代 ❽ 新生代
❾ 示準化石 ❿ 三葉虫，フズリナ　など
⓫ アンモナイト　など ⓬ 示相化石

5 | **原核生物から真核生物へ**

A☑ ❶ ミトコンドリアと葉緑体は，原核生物の細胞にはない
が真核生物の細胞にはみられる。**ミトコンドリアと葉緑
体の起源として**マーグリス**が提唱した説を何というか。**

A☑ 次の文章の空欄❷〜❻に適語を入れよ。

❶は，ミトコンドリアと葉緑体はもともとは原核生物
であったが，これらが**原始的な真核生物内に取り込まれ
て** ❷ したことにより形成されたという説である。す
なわち，原始的な真核生物に，酸素を用いた ❸ を
行う原核生物である ❹ 細菌が取り込まれてミトコ
ンドリアに， ❺ を行う原核生物である ❻ が取
り込まれて葉緑体になったと考えられている。

A☑ 次の文章の空欄❼〜❾に適語または数字を入れ，❿・⓫
の｜ ｜内から正しいものを選べ。

❶の根拠として，ミトコンドリアと葉緑体の内部には
核内の ❼ とは異なる独自の❼やリボソームが存在
すること，また，細胞の分裂とは別に ❽ によって
増殖することなどがあげられる。これらは，ミトコンド
リアと葉緑体が**もとは独立した生物であった**ことを示
唆している。また，ミトコンドリアと葉緑体は ❾
枚の膜に囲まれた構造をしているが，それぞれの膜は，
取り込まれた原核生物の細胞膜が❿｜a 内膜　b 外
膜｜の，取り込んだ真核生物の細胞膜が⓫｜a 内膜
b 外膜｜の起源となっていると考えられている。

 ミトコンドリアや葉緑体で働くタンパク質
をつくる遺伝子が核に存在しているよ

それって，この説に矛盾しない？

 ミトコンドリアや葉緑体の起源となった生物が，原
始的な真核生物に共生するのに伴い，その遺伝子の
一部が核に移動（遺伝子の水平移動）したんだって

出るポイント

- ミトコンドリアと葉緑体は，原始的な真核生物に原核生物が**取り込まれ，共生する**ことで生じたとする説を細胞内共生説といい，マーグリスによって提唱された。
- ミトコンドリアは**呼吸を行う**原核生物である好気性細菌が，葉緑体は**光合成を行う**原核生物であるシアノバクテリアがそれぞれ宿主生物に共生したことによって生じたと考えられている。
- 細胞内共生説の根拠として，ミトコンドリアと葉緑体は，①**独自の DNA やリボソームをもつ**　②**分裂して増殖する**　③**二重膜構造である**　ことなどがあげられる。

解　説：細胞内共生説

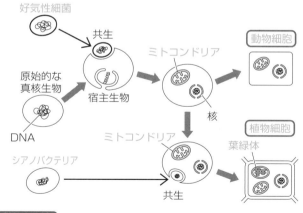

解　答

❶　細胞内共生説〔共生説〕　❷　共生　❸　呼吸　❹　好気性
❺　光合成　❻　シアノバクテリア　❼　DNA　❽　分裂
❾　2　❿　a　⓫　b

第1節　生命の起源と細胞の進化　**21**

6 **遺伝子の変化**

A☐ 次の文章の空欄❶～❹に適語を入れよ。

　　細胞分裂の過程での DNA の複製の誤りや，紫外線や
化学物質などによって DNA の塩基配列が変化すること
がある。これを **❶** という。❶には，1つの塩基が別
の塩基に置き換わる **❷** や，新たに1つの塩基が入り
込む **❸** や1つの塩基が失われる **❹** などがある。

A☐ ❷について述べた次の文章の空欄❺～❼には，**a アミ
ノ酸配列に変化はない　b 1つのアミノ酸が変化する
c コドンが終止コドンに変化する** のいずれかが入る。
それぞれ適するものを選べ。

　　❷では，1つの塩基の変化により **❺** 場合がある。
この結果，**形質に影響する場合もあれば，それほど大き
な影響がない場合もある**。また，**❻** 場合がある。こ
れは1つのアミノ酸を指定するコドンが複数存在するた
めであり，この場合は形質に変化はみられない。しかし，
1つの塩基の変化により **❼** 場合は，**本来より短いポ
リペプチドになる**ので，形質に大きな影響が現れる。

A☐ ❸，❹について述べた次の文章の空欄❽・❾に適語を入
れよ。

　　❸や❹では，**❽** の読み枠がずれてしまうので，そ
れ以降のアミノ酸配列が大きく変わってしまう。また，
❾ が現れて途中で翻訳が終了する場合もある。この
ように，❸や❹では形質に著しく大きな影響を与える。

B☐ 次の文章の空欄❿・⓫に適語を入れよ。

　　塩基が1つ変化しても指定する **❿** が変化しなかっ
たり，変化してもタンパク質の機能にほとんど影響が
ない場合がある。このため，**同じ種の中でも異なった塩
基配列をもつ個体が多数存在する**。ある2人のヒトを比
較すると，ある一定の範囲の塩基配列のうち，**1つの塩
基だけが異なっているものがある**。このような個体間で
みられる1塩基の違いを **⓫** という。

出るポイント

- 1つの塩基の置換によって**アミノ酸が1つ変化**する場合，形質に影響がある場合もあれば，それほど大きな影響がない場合（活性部位以外の変化など）もある。
- 1つの塩基の置換が起こっても，**同じアミノ酸を指定するコドンに変化した場合**には，アミノ酸配列に変化はみられない。
- 1つの塩基の挿入や欠失が起こると，**コドンの読み枠がずれるので**，それ以降のアミノ酸配列がすべて変化する（**途中で終止コドンが現れることもある**）。このため，形質に大きな影響が現れる。
- ゲノムの特定部位のある塩基が1塩基単位で個体ごとに異なる箇所がみられる。これを一塩基多型（SNP）という。

解　説：塩基の挿入，欠失

もとの塩基配列
CGT ｜ GTC ｜ ATG ｜ CAT ｜ A……
アラニン　グルタミン　チロシン　バリン

挿　入
CGT ｜ GAT ｜ CAT ｜ GCA ｜ TA……
アラニン　ロイシン　バリン　アルギニン

欠　失
CGT ｜ GTAC ｜ TGC ｜ ATA……
アラニン　ヒスチジン　トレオニン　チロシン

読み枠がずれるから以降のアミノ酸配列が大きく変化するね

解　答

❶ 突然変異　❷ 置換　❸ 挿入　❹ 欠失　❺ b　❻ a
❼ c　❽ コドン　❾ 終止コドン　❿ アミノ酸　⓫ 一塩基多型〔SNP〕

染色体と遺伝子

A 次の文章の空欄**①**～**④**に適語を入れよ。

有性生殖を行う生物の体細胞には，両親それぞれに由来する形や大きさが同じ染色体が2本ずつ含まれている。この対になっている染色体を **①** 染色体という。

染色体の特定の位置には特定の遺伝子が存在している。染色体上に占める遺伝子の位置を **②** という。ある**②**について，対をなす**①**染色体のそれぞれで同じ遺伝子が対になっている状態を **③** 接合といい，異なる遺伝子が対になっている状態を **④** 接合という。

A 次の文章の空欄**⑤**・**⑥**・**⑨**・**⑫**・**⑯**に適語を入れ，**⑦**・**⑧**・**⑩**・**⑪**・**⑬**～**⑮**の｜ ｜内から正しいものを選べ。

染色体のうち，**雌雄の性決定に関与するものを** **⑤** 染色体，それ以外のものを **⑥** 染色体という。ショウジョウバエの**⑤**染色体はX染色体とY染色体があり，雌が**⑦**｜a XX b XY｜，雄が**⑧**｜a XX b XY｜である。このような性決定の様式を **⑨** 型という。トンボやバッタなどでは**⑩**｜a 雌 b 雄｜はX染色体を2本（1対）もつが，**⑪**｜a 雌 b 雄｜はX染色体1本だけをもつ。このような性決定の様式を **⑫** 型という。**⑨**型，**⑫**型は**⑬**｜a 雄ヘテロ型 b 雌ヘテロ型｜とよばれる。カイコガやニワトリなどは**⑨**型と逆で**⑭**｜a 雌 b 雄｜が2本同じ性染色体をもち，**⑮**｜a 雌 b 雄｜は異なる性染色体を1本ずつもつ。このような性決定の様式を **⑯** 型という。また，**⑫**型と逆の性決定様式の生物も存在し，ZO型とよばれる。

性決定の様式が**⑨**型の例として，ヒト，ショウジョウバエ，**⑯**型の例として，カイコガ，ニワトリは覚えておこう

第1節

第2節

第3節

第4節

第5節

第6節

出るポイント

- ●染色体の数や形は生物の種によって決まっている。
- ●体細胞には同じ形，同じ大きさの染色体が2本ずつ存在し，これを相同染色体という。
- ●染色体の特定の位置には特定の遺伝子が存在しており，染色体上に占める遺伝子の位置を遺伝子座という。
- ●雌雄の性決定に関与する染色体を性染色体といい，性は性染色体の組合せによって決まる。性決定の様式は，雄ヘテロ型のXY型，XO型，雌ヘテロ型のZW型，ZO型がある。

解 説：相同染色体の遺伝子座

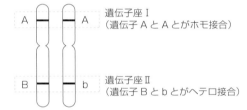

A   A   遺伝子座 I
（遺伝子 A と A とがホモ接合）

B   b   遺伝子座 II
（遺伝子 B と b とがヘテロ接合）

同種の生物ならどの個体でも，同じ染色体上の同じ位置に同じ形質に関する対立遺伝子の1つがのっているよ

解 答

❶ 相同 ❷ 遺伝子座 ❸ ホモ ❹ ヘテロ ❺ 性
❻ 常 ❼ a ❽ b ❾ XY ❿ a ⓫ b ⓬ XO
⓭ a ⓮ b ⓯ a ⓰ ZW

A☐ 次の文章の空欄❶〜❼に数値や適語を入れ，❽〜❿の
{ }内から正しいものを選べ。

　減数分裂は第一分裂，第二分裂からなり，1個の母細
胞から ❶ 個の娘細胞がつくられる。

　まず，分裂する前の期間に ❷ が複製される。分裂
が始まると，**第一分裂前期**に染色体が凝縮して太く短い
ひも状になる。さらに，相同染色体どうしが ❸ （接
着）し，❹ 染色体となる。また，このとき，**相同染
色体の間で部分的な交換が起こる**ことが多く，この現象
を ❺ という。中期には❹染色体が紡錘体の ❻ 面
に並び，後期には❹染色体が❸面で分かれて両極へ移動
する。そして，終期には ❼ が二分されて第一分裂は
終了する。こうしてできた娘細胞は染色体数が❽{a　母
細胞と同じ　b　母細胞の半数}である。

　引き続いて❷が❾{a　複製されて　b　複製されない
まま}第二分裂が始まる。第一分裂で分離した染色体が
中期にそれぞれ❻面に並び，後期に各染色体は縦裂面で
分離してそれぞれ両極に移動する。この第二分裂の過程
で染色体数は❿{a　変化しない　b　半数になる}。

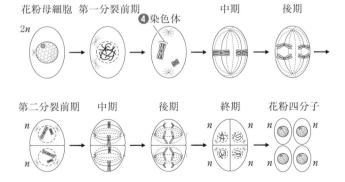

花粉母細胞　第一分裂前期　　　　　　　中期　　　　　後期

2n　　　　　　　　　❹染色体

第二分裂前期　中期　　　後期　　　　終期　　　花粉四分子

n　　　　　　　　　　　　　　n　　　　　n

n　　　　　　　　　　　　　　n　　　　　n

出るポイント

- **配偶子が形成される過程**では，染色体数を半減させる減数分裂が起こる。
- 減数分裂は第一分裂，第二分裂からなり，**第一分裂で染色体数が半減する。**
- 第一分裂前期に**相同染色体の**対合が起こり，このときに染色体の乗換えが起こる。
- 第一分裂は対合した染色体が対合面で分かれる（これにより，染色体数が半減する）。第二分裂は体細胞分裂と同様に，各染色体が縦裂面で分離する（染色体数は変わらない）。
- 減数分裂では，間期に DNA の複製が行われたあと，2回の連続分裂が起こるので，体細胞分裂とは異なり，娘細胞の DNA 量は母細胞の半分になる。

解　説：体細胞分裂と減数分裂の DNA 量の変化

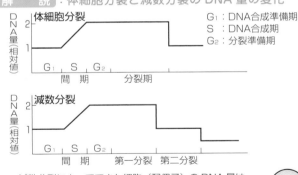

G₁：DNA合成準備期
S ：DNA合成期
G₂：分裂準備期

減数分裂によってできた細胞（配偶子）の DNA 量は，その後受精することで，もとの体細胞と同じになるよ

解　答

❶ 4　**❷** DNA〔染色体〕　**❸** 対合　**❹** 二価　**❺** 乗換え
❻ 赤道　**❼** 細胞質　**❽** b　**❾** b　**❿** a

減数分裂による遺伝子の組合せ

A☑ 次の文章の❶の｜ ｜内から正しいものを選び，空欄❷
～❼に適語や数値を入れよ。

　減数分裂によって，相同染色体は❶｜a 同じ
b 別々の｜配偶子に入る。2n = 4 の生物における配偶
子の染色体の組合せは，乗換え（のりか）が起こらなければ，下図
のように 4 通りである。したがって，2n = 6 の生物で
あれば ❷ 通り，2n = 46 のヒトであれば配偶子の染
色体の組合せは ❸ 通りである。

第一分裂中期　第二分裂中期　配偶子

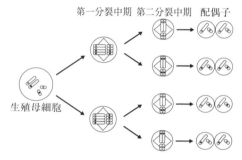

生殖母細胞

　同一の相同染色体に存在する遺伝子は ❹ してい
るといい，これらは染色体の挙動に合わせて一緒に行動
する。これに対して，異なる染色体に存在する遺伝子は
独立しているという。

　下図において，遺伝子Ａ，ａと遺伝子 ❺ は独立し
ており，遺伝子Ａと ❻ ，遺伝子ａと ❼ ｜は❹して
いる。

出るポイント

- 減数分裂において，**相同染色体は別々の配偶子に入る**。
- したがって，x 対の相同染色体をもつ生物では，乗換えが起こらなければ，2^x 種類の配偶子がつくられる（実際は乗換えが起こるので，配偶子の種類はもっと多くなる）。
- こうして，減数分裂によって**多様な染色体の組合せ**をもつ配偶子が生じる。

解 説：$2n = 6$ の生物における配偶子の染色体の組合せ

染色体に番号をつけて，樹形図をかいてみよう

生殖母細胞

↓ 減数分裂

配偶子

$$2 \times 2 \times 2 = 2^3 = 8 \text{ 通り}$$

まずは，テーマ8で減数分裂の染色体の動きをマスターしよう

解 答

❶ b ❷ 8〔2^3〕 ❸ 2^{23} ❹ 連鎖 ❺ D，d ❻ B
❼ b

テーマ 10 遺伝子の連鎖と組換え

A☐ 次の文章の空欄❶〜❺に適する語句または数値を入れよ。

下図に示すように，遺伝子 A と B，a と b が連鎖している場合，染色体の ❶ が起こらなければ，下図の左のように生じる配偶子の遺伝子の組合せは AB と ab の 2 種類で，AB：ab ＝ ❷ の比で生じる。一方，遺伝子 A と B の間で染色体の❶が起こると，下図の右のように，配偶子は AB と ab 以外に ❸ や ❹ も生じる。このように，染色体の❶によって，新たな遺伝子の組合せが生じることを，遺伝子の ❺ とよぶ。

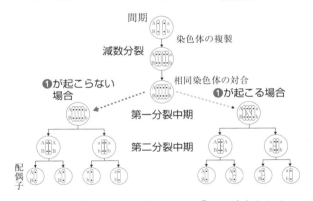

間期

染色体の複製

減数分裂

相同染色体の対合

❶が起こらない場合　　❶が起こる場合

第一分裂中期

第二分裂中期

配偶子

A☐ 空欄❻，❽に適する語句を，また❼には式を入れよ。

連鎖している 2 つの遺伝子間では，一定の割合で❺が起こる。❺が起こる頻度は ❻ とよばれ，次の式で示される。

$$❻ = \frac{❺を起こした配偶子数}{全配偶子数} \times 100 （\%）$$

上図の右の場合で，生じた配偶子が AB：❸：❹：ab ＝ n：1：1：n であれば，❻の値は ❼ となる。

❻の値は，ふつう，染色体上の遺伝子間の ❽ に比例しており，遺伝子間の❽が大きいと❻の値は大きくなる。

出るポイント

- 遺伝子 A と B，a と b が連鎖している場合，染色体の乗換えが起こらなければ，配偶子は AB：ab = 1：1 で生じる。
- 染色体の乗換えにより，一部の遺伝子が 2 本の染色体の間で入れ換わる現象を，遺伝子の組換えという。
- 遺伝子 A と B，a と b が連鎖している場合，遺伝子 A と B の間で染色体の乗換えが起こり，遺伝子の組換えが生じると，AB と ab 以外に Ab と aB の配偶子も生じる。
- 遺伝子の組換えが起こる頻度を組換え価という。組換え価は，ふつう，遺伝子間の距離に比例し，**組換え価が大きいほど，遺伝子間の距離が大きい。**

解　説：遺伝子の組換えが生じるしくみ

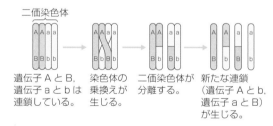

二価染色体

遺伝子 A と B，遺伝子 a と b は連鎖している。

染色体の乗換えが生じる。

二価染色体が分離する。

新たな連鎖（遺伝子 A と b，遺伝子 a と B）が生じる。

解　答

❶ 乗換え　❷ 1：1　❸・❹ Ab・aB　❺ 組換え
❻ 組換え価　❼ $\dfrac{1+1}{n+1+1+n} \times 100(\%)$
❽ 距離

第2節　遺伝子の変化と進化のしくみ　31

A☐ 次の文章の空欄❶〜❹に適する語句または数値を入れよ。

　　同一の染色体上に存在し，互いに連鎖している遺伝子のグループを　**❶**　という。❶の数は体細胞の染色体数の　**❷**　に等しい。したがって，2n = 8のショウジョウバエであれば　**❸**　，2n = 46のヒトであれば　**❹**　である。

A☐ 次の文章の❺・❻の｜　｜内から正しいものを選び，空欄❼〜⓬に適する語句，記号，または数値を入れよ。

　　一般に，連鎖している2つの遺伝子間では，距離が遠くなるほど組換えが起こり❺｜a　やすく　　b　にくく｜なるので，組換え価は2つの遺伝子間の距離に❻｜a　比例　　b　反比例｜すると考えられる。モーガンらは同一の染色体にある遺伝子について，組換え価にもとづいて，各遺伝子の順序や相対的な距離を1本の直線に示した。このような図を　**❼**　という。

　　例えば，連鎖している3つの遺伝子 A，B，C について，A—B 間，A—C 間，B—C 間の組換え価を求めたところ，それぞれ6 %，12%，18%であった。この場合，これらの3つの遺伝子の配列順序と相対的な距離は下図のようになる。

A☐ ⓭　上記のように，同一の染色体上に連鎖している3つの遺伝子に対し，各遺伝子間の組換え価を求めて**遺伝子の相対的位置を調べる**方法を何というか。

第1節

第2節

第3節

第4節

第5節

第6節

出るポイント

- 同一の染色体上に存在し，互いに連鎖している遺伝子のグループを連鎖群という。
- 組換え価は2つの遺伝子間の距離に比例するので，**組換え価が遺伝子間の相対的な距離を表している。**
- 3つの遺伝子に対し，各遺伝子間の組換え価を求めて遺伝子の相対的位置を調べる方法を三点交雑という。

解 説：染色体地図の作成のしかた

1. まず，3組のうち最も組換え価の大きい遺伝子を線（染色体）の両端に書く。

この場合は B—C 間が18％と最も大きいので，

こんなふうにかけばいいんだね

2. 残った他の1つの遺伝子はこの2つの間に入る。それぞれの遺伝子との組換え価からその位置を決める。

残った遺伝子は A
A—B 間の組換え価は6％
A—C 間の組換え価は12％から
A は B から6，C から12離れた位置にあるのだから

こんなふうだね

上記とまったく逆にかいても OK だよ

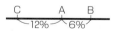

解 答

❶ 連鎖群　❷ 半数　❸ 4　❹ 23　❺ a　❻ a
❼ 染色体地図　❽ B　❾ A　❿ C　⓫ 6　⓬ 12
⓭ 三点交雑（法）

A☐ ❶ ある個体に突然変異が起こり，その形質がその生息環境において**生存**や**繁殖に有利**となる場合，その個体が次世代に多く子孫を残す。このように，個体間の**変異**に応じて自然界で起こる**選択**を何というか。

A☐ ❷ ❶の結果，集団内の遺伝子頻度が変化し，ある生物集団が環境に適応した形質をもつ集団になることを何というか。

C☐ ❸ ❶は温度や降水量，日光などの非生物的環境要因だけでなく，食物や捕食者など生物間の相互作用によっても引き起こされる。このような❶を引き起こす要因を何というか。

A☐ 次の文章の❹～❻の｜　｜内から正しいものを選べ。

　下の表はイギリスの田園地帯と工業地帯におけるオオシモフリエダシャクの明色型と暗色型の割合を示したものである。

	明色型	暗色型
田園地帯	0.13	0.06
工業地帯	0.25	0.53

　工業化が進む以前では，❹｜a　明色型　b　暗色型｜の個体が多かった。工業の発展につれ，工業地帯では工場からの煤煙により，樹皮が黒ずんできた。この結果，❺｜a　明色型　b　暗色型｜は捕食者である鳥に見つかりやすくなり，捕食されやすくなって減少した。その後，大気汚染に対する対策が進み，排出される煤煙は減少した。その結果，❻｜a　明色型　b　暗色型｜が減少した。このように，突然変異によって生じた形質の個体が**生き残るかどうかは，環境によって決まる**ことがわかる。

出るポイント

- 突然変異によって生じた形質が生存や繁殖に有利であれば，自然選択される。
- 生息環境に対して有利な形質をもつようになることを適応という。
- オオシモフリエダシャクの工業暗化の例から，どのような形質が自然選択されるかは環境によって決まることがわかる。

解　説：工業暗化

田園地帯　　工業地帯

田園地帯だと，明色型は樹皮の色が保護色となって見つかりにくいね

逆に，工業地帯では暗色型が見つかりにくいね

どちらの方が選択されるかは環境によって異なることがよくわかるね

解　答

❶ 自然選択　❷ 適応進化　❸ 選択圧　❹ a　❺ a

❻ b

13 遺伝的浮動と中立進化

A☐ **❶** 自然選択が働かなくても，偶然によって，次世代に伝えられる遺伝子頻度が変化する現象を何というか。

B☐ 次の文章の**❷**の｜　｜内から正しいものを選び，空欄**❸**に適語を入れよ。

　集団の大きさが**❷**｜a 大きく　b 小さく｜なると，**❶**の影響がより大きくなり，集団全体の遺伝子構成が偏ってしまう場合がある。このような現象は　**❸**　効果とよばれる。

A☐ 次の文章の空欄**❹**〜**❼**に適語を入れよ。

　DNA の　**❹**　配列に起こる突然変異は**生存に有利でも不利でもないもの**がほとんどである。まれに生じる生存に不利な突然変異の遺伝子は　**❺**　によって集団から除去される。一方，生存に有利でも不利でもない突然変異の遺伝子は，**❺**が働かないので，**❶**によって**偶然に集団に広がる**ことがある。このような考え方を分子進化の　**❻**　説といい，　**❼**　によって提唱された。

A☐ 次の文章の空欄**❽**〜**⓫**に適語を入れよ。

　DNA の**❹**配列やタンパク質の　**❽**　配列に変化が生じても個体の生存に影響がみられない場合がある。例えば，DNA では，コドンの　**❾**　番目の塩基が変化しても指定するアミノ酸に変化が生じないことがある。また，　**❿**　などアミノ酸を指定しない部分に突然変異が生じても，多くの場合，形質に変化はみられない。タンパク質では，その機能にとって重要でない部分の**❽**が他の**❽**に変化しても生存に影響せず，**❺**を受けない。このように，**❺**が働かないような変化が，遺伝的浮動によって集団内に広まっていくことがあり，これを　**⓫**　進化という。

出るポイント

- 自然選択が働かなくても，**偶然**によって次世代に伝わる遺伝子頻度が変化する現象を**遺伝的浮動**という。
- **小集団**の方が遺伝的浮動の影響がより大きくなる。
- 突然変異のうち，**生存に不利な突然変異**の遺伝子は自然選択によって集団から除去される。
- 生存に有利でも不利でもない突然変異の遺伝子は自然選択が働かないので，**遺伝的浮動**によって**偶然**に集団に広がることがある。

この内容をしっかり理解しよう

解　説 ：遺伝的浮動のモデル

容器から無作為に10個とり出す。

同じ割合で2倍の数のコインを容器に戻す。

×2

この操作を繰り返す

白のコインと黒のコインが10個ずつ入っている。

確率は $\frac{1}{2}$ だけど4個と6個になることもあるよね

この場合は白8個，黒12個を戻すんだね

この操作を何度も繰り返すと，箱の中が白か黒の一方だけになることがある。

解　答

❶ 遺伝的浮動　❷ b　❸ びん首　❹ 塩基　❺ 自然選択
❻ 中立　❼ 木村資生　❽ アミノ酸　❾ 3　❿ イントロン
⓫ 中立

A☑　次の文章の空欄**❶**〜**❽**に適語を入れよ。

現代では，進化のしくみは次のように考えられている。

1. DNAの塩基配列が変化するなど，遺伝子に **❶** が生じ，**遺伝子プールの遺伝子構成が変化する**。

2. **❶**によって生じる形質において，その生息環境に適合し，**生存に有利な形質**をもつ個体は，他の個体よりも次世代に多くの子を残す。このような **❷** によって，その遺伝子が集団中に広まっていく。

3. **❶**によって生じた遺伝子のほとんどは生存に有利でも不利でもない **❸** 的なもので，**❷**を受けない。このような遺伝子が**偶然に選ばれて**，集団の遺伝子頻度が変化する場合がある。これを **❹** という。

4. このように，**❶**によって生じた新しい遺伝子が**❷**や**❹**によって集団内に広まり，集団の遺伝子頻度が変化することで **❺** が起こると考えられている。

5. 同種の生物集団が山脈や海などによって隔てられて，自由な交配が行えなくなることを **❻** という。**❻**によって分断された集団は，それぞれの集団で別々の**❶**が起こり，それぞれの環境に適合するように**❷**が働く。また，小集団では**❹**の影響が現れやすくなる。

6. 上記のような結果，長い年月の間に遺伝的変化が大きくなり，再び同じ場所に生育するようになっても交配できなくなる。このような状態を **❼** という。**❼**が成立したことが**新しい種が形成された状態**ということができる。このように，1つの種が複数の種に分かれることを **❽** という。

ここの内容が「進化」で一番大事なところだよ

出るポイント

- **突然変異**により，集団内に**新しい遺伝子**が生じる。
- その遺伝子が**生存に有利**であれば，**自然選択**により集団内に広まっていく。
- その遺伝子が**中立的**なものであれば，**遺伝的浮動**によって集団内に広まっていく場合がある。
- このように，突然変異によって生じた新しい遺伝子が，自然選択や遺伝的浮動によって集団内に広まり，**集団の遺伝子頻度が変化する**ことで**進化**が起こる。

解 説：進化のしくみ

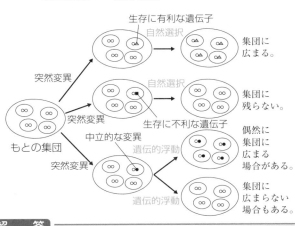

解 答

❶ 突然変異　❷ 自然選択　❸ 中立　❹ 遺伝的浮動
❺ 進化　❻ 地理的隔離　❼ 生殖的隔離　❽ 種分化

A☑❶ 生物が周囲の風景や他の生物と見分けがつかない色や形になることを何というか。

A☑❷ **異性をめぐる競争**によって，ある特定の形質が進化するしくみを何というか。

A☑❸ 異なる種の生物どうしが生存や繁殖に影響を及ぼし合いながら進化する現象を何というか。

❷の例

雄

雌

コクホウジャク

コクホウジャクの雄の尾はすごい長いよね。こんなに長いと邪魔じゃないのかな。自然選択で長い尾の個体は淘汰されるんじゃないの？

 尾が長いと生存にとっては不利だけど，雌にはモテるから，長い尾に進化したんだって

❸の例

スズメガ

ランの花

花粉

距

口器

蜜

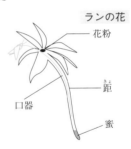

 スズメガの口器は長くなるように進化していったよ（蜜が取りやすくなるからね）

ランの花は距（蜜を蓄える細長い管）が長くなるように進化していったよ（短いと，蜜だけ取られて受粉してくれないからね）

 花と昆虫の両者が利益を得られるように，進化が進んでいったんだね

出るポイント

- 擬態により，捕食者に見つかりにくくなるなど，生存に有利となる。その結果，このような形質をもつ個体が多くの子孫を残す。
- 生存にとって不利であっても，配偶者を多く獲得できる形質は選択され，進化する。このような自然選択を性選択という。
- 花の形と昆虫の口器のように，異なる種の生物どうしが生存や繁殖に影響を及ぼし合いながら進化する現象を共進化という。

解　説 ：陸上植物の種構成の変化

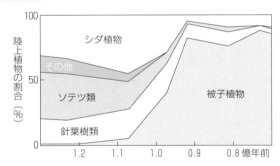

被子植物の割合が約1億年前からものすごく多くなっているよね

これは，昆虫との共進化（花粉の媒介）が関係しているんだって

解　答

❶　擬態　❷　性選択　❸　共進化

テーマ 16 | ハーディ・ワインベルグの法則

B ☑ **❶** 交配可能な集団中に存在する遺伝子の全体を何というか。

A ☑ **❷** ある集団では，下図に示すように，対立遺伝子 A，a について，遺伝子型 AA，Aa，aa の個体が AA：Aa：aa ＝ 3：2：5 の割合で存在する。この集団における A の遺伝子頻度を求めよ。

AA		aa	aa		aa
Aa	AA	Aa	aa		AA	aa

この枠内から遺伝子１個を取り出したとき，それが A である確率は？
（それが A の遺伝子頻度の意味だよ）

A ☑ 次の文章の空欄❸～❼に適語を入れよ。

次のような条件を満たす集団では，**世代をこえても遺伝子頻度は変化しない**。これをハーディ・ワインベルグの法則といい，このような集団を ❸ にあるという。

1．集団の大きさが ❹ 。
2．集団内で交配が ❺ に行われる。
3．個体によって生存力や繁殖力に差がなく， ❻ が働かない。
4． ❼ が起こらない。
5．他集団との間で個体の移入，移出が起こらない。

A ☑ **❽** ある植物の花の色を赤にする遺伝子 R は白にする遺伝子 r に対して顕性（優性）である。ある集団において，白花個体が４％の割合で存在した。この集団ではハーディ・ワインベルグの法則が成立するものとして，この集団における遺伝子型がヘテロ接合体 Rr の個体の割合（％）を求めよ。

第1節

第2節

第3節

第4節

第5節

第6節

出るポイント

> ● A の遺伝子頻度 $= \dfrac{\text{A の遺伝子の数}}{\text{A と a の遺伝子の総数}}$ で求められる。
>
> ● ハーディ・ワインベルグの法則が成立している集団では，**世代をこえても遺伝子頻度は変化しない**。

解説：遺伝子頻度の求め方（**②**，**❽**の解説）

②について……各個体はそれぞれ遺伝子を 2 個ずつもつので，遺伝子の総数は（**個体の総数**）× 2 となる。

　遺伝子型 AA の個体は A 遺伝子を 2 個ずつ，遺伝子型 Aa の個体は A 遺伝子を 1 個ずつもつので，A の遺伝子数は $3 \times 2 + 2 \times 1$ となる。したがって，

A の遺伝子頻度 $= \dfrac{3 \times 2 + 2 \times 1}{(3 + 2 + 5) \times 2} = \dfrac{8}{20} = 0.4$　となる。

❽について……ハーディ・ワインベルグの法則の問題

　この集団における R の遺伝子頻度を p，r の遺伝子頻度を q とする（$p + q = 1$）。**遺伝子頻度は集団全体でつくる配偶子の比に等しい**ので，集団内で自由交配(任意交配)が行われると，次世代は下表のようになる。したがって，次世代は

RR : Rr : rr $= p^2 : 2pq : q^2$ と表せる。

　白花個体 rr の割合が 4 ％であることから，

	pR	qr
pR	p^2RR	pqRr
qr	pqRr	q^2rr

$q^2 = 0.04$ となり，これより $q = 0.2$ となる。よって，$p = 1 - 0.2 = 0.8$ となる。ヘテロ接合体 Rr の割合は $2pq$ であることから，$2pq = 2 \times 0.8 \times 0.2 = 0.32$ となる。

解答

❶ 遺伝子プール　**❷** 0.4　**❸** 遺伝子平衡〔ハーディ・ワインベルグ平衡〕　**❹**（十分に）大きい　**❺** 自由〔任意〕
❻ 自然選択　**❼** 突然変異　**❽** 32%

テーマ 17 | 分子進化

A▢ **❶** DNA の塩基配列やタンパク質のアミノ酸配列の変化など，分子にみられる変化を何というか。

A▢ 次の文章の空欄❷〜❺に適語を入れよ。

　❶は個体の生存率の違いをもたらす場合もあるが，ほとんどは個体の生存に有利でも不利でもない ❷ 的なものである。DNA には一定の確率で突然変異が起こっており，❷的な突然変異は ❸ 選択を受けないので，一定の速度で蓄積していく。このため，同じ系統の種間で同一遺伝子の塩基配列を比較すると，**塩基配列の変化した数（塩基配列の置換数）は２つの種が分かれてからの ❹ に比例する**。このことから，分子進化における塩基配列の変化の速度は ❺ とよばれ，進化の過程で２種が分岐した年代を知る手がかりとなる。これはアミノ酸配列の変化の速度でも同様に行うことができる。

　ヘモグロビンの α 鎖では，アミノ酸１個が変化する速度はほぼ一定なんだって

　アミノ酸の置換は，一定の速さで時を刻む時計みたいに，一定の速度で進むんだね

第1節

第2節

第3節

第4節

第5節

第6節

出るポイント

- DNA の塩基配列やタンパク質のアミノ酸配列の変化を分子進化という。
- 分子進化のほとんどは中立的なものである。
- 同じ系統の同一遺伝子の塩基配列の置換数は、2種が分岐してからの時間に比例する。これを分子時計という。

解　説：分子時計

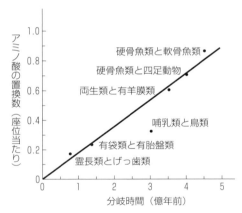

ヘモグロビン α 鎖のアミノ酸の置換数と分岐年代の相関

種が分かれてからの時間（期間）が長いほど、
アミノ酸の置換数が多いことがわかるね

解　答

❶ 分子進化　❷ 中立　❸ 自然　❹ 時間　❺ 分子時計

分子系統樹

A☐　次の表は，4種類の生物種A，B，C，Dで共通しているタンパク質のアミノ酸配列を比較し，それぞれの間で異なっているアミノ酸の数を示したものである。なお，このタンパク質のアミノ酸数は生物種A，B，C，Dのいずれも等しく，同じ場所でアミノ酸の置換は2度起こらなかったものとする。

	生物種A	生物種B	生物種C	生物種D
生物種A		38	36	34
生物種B			8	19
生物種C				17
生物種D				

　下図は，この4種類の生物種A，B，C，Dが共通祖先Xから分岐してきた道すじを示す系統樹を作成したものである。図中の❶～❸のそれぞれに該当する生物種はA～Dのどれか。

祖先X

A☐ ❹　生物種Bと生物種Cが今から2.0×10^7年前に分岐したとすると，このタンパク質を構成するアミノ酸1個が置換するのにかかる時間は何年か。

A☐ ❺　この4類種の生物種A，B，C，Dが共通祖先Xから分岐したのは何年前か。

出るポイント

- 2種の生物のアミノ酸の違いを2で割ると，分岐後の置換数となる。
- 3種以上の共通祖先からの分岐については，それぞれのアミノ酸の違いの平均をとる。

解　説：分子系統樹の作成法（❶〜❺の解説）

　Bとのアミノ酸の違いが最も少ないのはCなので，Cは❶である。次に少ないDは❷，そしてAは❸である。
❹について，

　BとCのアミノ酸の違いは8個なので，両者が分岐してからそれぞれ別々に4個ずつアミノ酸の置換が起こったと考える（下図）。4個置換するのに2.0×10^7年かかったのだから，1個では$\dfrac{2.0 \times 10^7}{4} = 5.0 \times 10^6$（年）となる。

B　　C
4個　　　4個　2.0×10^7 年

アミノ酸の違いの数を2で割るのがポイントだよね

❺について，

　共通祖先Xから最初に分岐したAと他の3種B，C，Dとのアミノ酸の違いはそれぞれ38個，36個，34個で，この平均をとると36個となる。よって，Aは共通祖先Xからアミノ酸が36 ÷ 2 = 18（個）置換したと考える。1個置換するのに5.0 × 10⁶（年）かかることから，18個では$5.0 \times 10^6 \times 18 = 9.0 \times 10^7$（年）となる。したがって，A，B，C，Dが共通祖先Xから分岐したのは，今から9.0×10^7年前である。

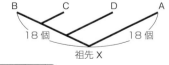

B　　C　　　D　　　　　A
18個　　　　　　　　　18個
祖先 X

平均をとるのがポイントだよね

解　答

❶ C　❷ D　❸ A　❹ 5.0×10⁶（年）　❺ 9.0×10⁷（年）

遺伝子の機能的制御

A☐ 次の文章の❶〜❺の｜　　｜内から正しいものを選べ。

　　分子進化の速度は一律ではなく，生体で重要な機能を果たしているタンパク質の遺伝子の分子進化の速度は❶｜a 速い　b 遅い｜。これは，変異によってアミノ酸配列に変化が起こり，タンパク質の機能が大きく損なわれた場合，その変異をもった個体の生存率が❷｜a 高く　b 低く｜なり，その変異が子孫へと❸｜a 伝わりやすい　b 伝わりにくい｜ためである。

　　同様に，アミノ酸がわずかに変化するだけで機能が果たせなくなるタンパク質ほど，分子進化の速度は❹｜a 速く　b 遅く｜，また，そのタンパク質の働きに重要な部位のアミノ酸配列ほど，それ以外の部位よりも分子進化の速度が❺｜a 速い　b 遅い｜。

A☐ 次の文章の❻〜❾の｜　　｜内から正しいものを選べ。

　　mRNA のコドンの3番目の塩基は，1・2番目の塩基に比べて分子進化の速度が❻｜a 速い　b 遅い｜。また，**イントロンの部位**の塩基配列は分子進化の速度が❼｜a 速い　b 遅い｜。このように，変化しても生物の形質への影響が❽｜a 大きい　b 小さい｜部位の分子進化の速度は❾｜a 速い　b 遅い｜。

コドンの3番目の塩基は，変化しても指定するアミノ酸に変化がない場合が多いよね

イントロンの部位が変化してもアミノ酸配列に変化がないよね

これらは変化しても，影響が少ない部位だよね

出るポイント

- **重要な機能**を果たしているタンパク質は異なる種の生物どうしでも変化が少ない。
- タンパク質の機能に重要な部位のアミノ酸配列は変化が少ない。
- 重要なタンパク質の機能が損なわれると，**その個体が生存できない**ので，その変異は子孫へと伝わりにくい。
- 一般に，**重要な機能**をもつタンパク質の分子進化の速度は遅い。

解 説：タンパク質の変化率

タンパク質	働きなど （関連する現象）	アミノ酸の 置換数*
ヒストン	染色体を構成	0.01
シトクロム C	電子伝達系	0.3
ヘモグロビン α 鎖	酸素の運搬	1.2
フィブリノペプチド	血液凝固	8.3

＊は10億年あたり，アミノ酸1か所あたりの値

ヒストンは DNA を巻きつけているタンパク質で，少しでも変化が起こると，機能に重要な影響が現れるんだって

だから，ヒストンはあまり変化していない（分子進化の速度が遅い）んだね

フィブリノペプチドは血液凝固の際に，フィブリノーゲンから切り取られる部位だよ

だから置換数が多い（分子進化の速度が速い）んだね

解 答

❶ b　❷ b　❸ b　❹ b　❺ b　❻ a　❼ a
❽ b　❾ a

C☑ 次の文章の空欄❶〜❸に適語を入れよ。

　生物を共通性にもとづいてグループ分けすることを分類という。分類の基本となる単位は **❶** である。同じ❶の個体どうしは **❷** が可能であり，**❸** 能力をもつ子孫をつくることができる。

A☑ 次の文章の空欄❹〜❿に適語を入れよ。

　❶は類似性の程度にもとづいて，より大きなグループにまとめられる。よく似た❶をまとめて **❹** に，近縁の❹をまとめて **❺** に，さらに❺の上位を順に **❻** ・ **❼** ・ **❽** ・界というように，その共通性に従って，段階的に分類されている。

　オオカミの分類階級は次のようになる。

動物界− **❾** ❽− **❿** ❼−食肉❻−イヌ❺−イヌ❹−オオカミ

A☑ 次の文章の空欄⓫〜⓯に適語を入れよ。

　生物の名前は，国際的な取り決めにもとづく世界共通の **⓫** によって表記される。⓫では，種名は **⓬** と **⓭** の2つを並べて表記され，この方法を **⓮** とよぶ。⓮は分類学の父といわれる **⓯** によって確立された。

Homo	*sapiens*	LɪɴɴÉ	ヒト
⓬	⓭	命名者名	和名

⓫はふつうイタリック体（斜体）で書くよ

A☑ 次の文章の空欄⓰〜⓲に適語を入れよ。

　生物の進化の過程を **⓰** という。生物が進化してきた経路を推定し，そこから示される**類縁関係にもとづいて**生物を分類することを **⓱** という。ヘッケルは発生の比較から，生物の類縁関係を樹木の形のように表現した。このような図を **⓲** という。

出るポイント

- 生物の分類の基本となる単位は種である。
- 種は，相互に交配して生殖能力をもつ子孫を残すことのできる生物群をいう。
- 分類の階級は，界・門・綱・目・科・属・種　が設けられている。
- 学名は，属名と種小名を併記する二名法で表記される。

解　説：分類階級

界	門	綱	目	科	属	種
動物界	脊索動物門	哺 乳 綱	霊長目	ヒト科	ヒ ト 属	ヒト
植物界	被子植物門	双子葉綱	バラ目	バラ科	サクラ属	ソメイヨシノ

界よりもっと上位の分類階級に，
ドメインがあるよ

テーマ21でやるよ

学名（二名法）

属名	種小名	命名者名	和名
Canis	*lupus*	Linné	オオカミ
Canis	*familiaris*	Linné	イヌ

属名と種小名を合わせて
種名なんだね

学名だと，オオカミとイヌは
同じ属だということがすぐに
わかるね

解　答

❶ 種　❷ 交配　❸ 生殖　❹ 属　❺ 科　❻ 目　❼ 綱
❽ 門　❾ 脊索動物　❿ 哺乳　⓫ 学名　⓬ 属名
⓭ 種小名　⓮ 二名法　⓯ リンネ　⓰ 系統　⓱ 系統分類
⓲ 系統樹

テーマ 21　生物の分類体系

A☑　次の文章の空欄❶〜❹に適語を入れよ。

　　ホイッタカーは，全生物を5つに分ける五界説を提唱した。五界説はその後，マーグリスらによって改変された。五界説では，原核生物を原核生物界，単細胞生物および体の構造が単純な多細胞生物を ❶ 界とし，さらに多細胞の真核生物を， ❷ を行う独立栄養生物の植物界，**体外消化**を行って栄養分を吸収する ❸ 界，他の生物を捕食して**体内消化**を行う ❹ 界の5つに分けた。

A☑　次の文章の空欄❺〜❽に適語を入れ，❾の｛　｝内から正しいものを選べ。

　　ウーズらはすべての生物がもつ rRNA（リボソームRNA）の塩基配列を解析した結果，真核生物は1つにまとめられるが，原核生物は2つの異なる系統があることがわかった。一方は，大腸菌やシアノバクテリアなど比較的なじみの深い生物で，これらは ❺ とよばれる。もう一方は，メタン生成菌や超好熱菌，高度好塩菌などでこれらは ❻ と名づけられた。そのため，ウーズは**界よりさらに上位の分類階級**である ❼ を設定し，全生物を❺，❻，真核生物の3つに分ける ❽ 説を提唱した。

　　その後の研究で，❺と❻では❾｛a ❺　b ❻｝の方が真核生物に近いことがわかった。

A☑　上の文章を参考にして，❽説を示した下図の空欄に適語を入れよ。

共通の祖先

出るポイント

- ●ホイタッカーやマーグリスらによって，全生物を原核生物界（モネラ界），原生生物界，植物界，菌界，動物界の５つに分類する五界説が提唱された。
- ●ウーズらは rRNA の塩基配列の解析から，原核生物を細菌と古細菌の２つの系統に分け，全生物を細菌（バクテリア），古細菌（アーキア），真核生物（ユーカリア）の３つに分ける３ドメイン説を提唱した。
- ●ドメインの下に界や門の分類階級が置かれる。
- ●古細菌は細菌よりも真核生物に近縁であることが示された。

解　説：３ドメイン説

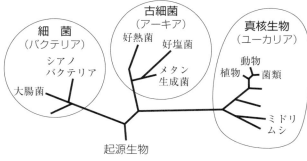

rRNA の塩基配列に基づく
分子系統樹なんだって

解　答

❶　原生生物　❷　光合成　❸　菌　❹　動物　❺　細菌〔バクテリア〕　❻　古細菌〔アーキア〕　❼　ドメイン　❽　３ドメイン　❾　b　❿　細菌〔バクテリア〕　⓫・⓬　古細菌〔アーキア〕・真核生物〔ユーカリア〕

植物の分類と系統

B☐　次の文章の空欄❶～❸に適語を入れよ。

　　光合成を行い，主に ❶ で生活する多細胞生物は植物に分類される。❶で生活するので，重力に耐えて体を支える構造や ❷ に耐える構造をもつ。❷に耐える構造として，体表面が ❸ 層で覆われている。

B☐　次の文章の空欄❹～❿に適語を入れよ。

　　植物は ❹ の有無や ❺ の形成の有無などによって，下図に示すように， ❻ 植物， ❼ 植物， ❽ 植物に分けられる。❽植物はさらに ❾ 植物と ❿ 植物に分けられる。

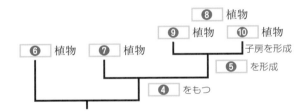

これら陸上で生活する植物の違いを
上図を用いてまとめよう

出るポイント

- 光合成を行い，主に陸上で生活する多細胞生物は植物に分類される。
- 体を支える構造（維管束など）や乾燥に耐える構造（クチクラ層）をもつ。
- コケ植物，シダ植物，種子植物に分けられ，さらに種子植物は子房がない裸子植物と胚珠が子房で包まれた被子植物に分けられる。

解　説 ：植物のまとめ

コケ植物	ゼニゴケ，スギゴケなど
シダ植物	ヒカゲノカズラ，トクサ，ゼンマイ，ワラビ　など
裸子植物	ソテツ，イチョウ，マツ，スギ　など
被子植物	イネ，ヒマワリ，エンドウ　など

具体的な生物
名を覚えよう

それが結構
たいへん

解　答

❶ 陸上　❷ 乾燥　❸ クチクラ　❹ 維管束　❺ 種子
❻ コケ　❼ シダ　❽ 種子　❾ 裸子　❿ 被子

動物の分類と系統①〜形態による分類と分子による分類

B☑ 次の文章および表の空欄❶〜❿に適語を入れよ。

　外界から有機物を取り込み，体内で消化して吸収する
　❶　栄養の多細胞生物を動物という。動物は，**胚葉の分化がみられないもの**（無胚葉動物），　❷　胚葉と
　❸　胚葉に分化する二胚葉動物，それに加えて　❹
胚葉が分化する三胚葉動物に分けられる。

	動物門名	生物例
胚葉の分化なし	❺ 動物	❻
二胚葉動物	❼ 動物	❽ , ❾ , ❿
三胚葉動物	上記以外	

B☑ 次の文章の空欄⓫〜⓳に適語を入れよ。

　三胚葉動物は，原口がそのまま　⓫　になる旧口動物
と，原口とは別の部分に⓫ができる　⓬　動物に分けられる。

　旧口動物のうち，節足動物と　⓭　動物は　⓮　して
成長するので，⓮動物とよび，　⓯　動物，軟体動物，
扁形動物など⓮しないで成長するものを　⓰　動物と
よぶ。

　⓬動物は，発生の過程で**体を支える器官**である　⓱
を形成しない　⓲　動物と，⓱を形成する⓱動物に分けられ，⓱動物はさら　⓳　動物と脊椎動物に分けられる。

　　　各動物門の生物例を覚えよう

　　　　　　　いっぱいあってたいへん

　でも，がんばろう

出るポイント

- **多細胞の従属栄養生物で，体内消化を行うもの**を動物に分類する。
- 胚葉の分化で，無胚葉動物，二胚葉動物，三胚葉動物に分けられる。
- 三胚葉動物は，**口のでき方から**，旧口動物と新口動物に分けられる。
- 旧口動物は脱皮動物と冠輪動物に分けられる。

解　説：動物の系統（rRNA にもとづく）

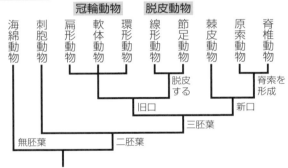

従来は形態の比較で分類していたので，
体節構造をもつ節足動物と環形動物が近
縁だと思われていたんだ

rRNA など分子のデータを調べると，
いろいろな違いがわかってくるんだね

解　答

❶ 従属　❷・❸ 外・内　❹ 中　❺ 海綿　❻ イソカイメン
など　❼ 刺胞　❽・❾・❿ ヒドラ・ミズクラゲ・イソギンチャ
ク　など　⓫ 口　⓬ 新口　⓭ 線形　⓮ 脱皮　⓯ 環形
⓰ 冠輪　⓱ 脊索　⓲ 棘皮　⓳ 原索

24　動物の分類と系統②〜脊索動物

B☑　次の文章および表の空欄❶〜⓭に適語を入れよ。

　　ナメクジウオやホヤなどは　❶　動物とよばれ，発生
の過程で体の支持器官である　❷　を形成する。脊椎動
物では，発生過程で❷が形成されるが，**のちに退化し，**
中軸骨格として　❸　を形成する。

　　脊椎動物は，あごをもたない　❹　類と，あごをもつ
グループに分けられ，あごをもつグループは，魚類と4
本の足をもつ四足動物に分けられる。

　　魚類は，サメやエイなどの　❺　魚類とそれら以外の
　❻　魚類に分けられ，❻魚類はうきぶくろをもってい
る。四足動物のうち，両生類以外は発生中の胚が　❼　
などの胚膜で包まれているので，❼類とよばれる。胚膜
で包まれることで乾燥から守られ，**陸上生活への適応性
が高くなっている。**哺乳類以外は卵生であるが，哺乳類
は母体内で胚を育てる　❽　である。

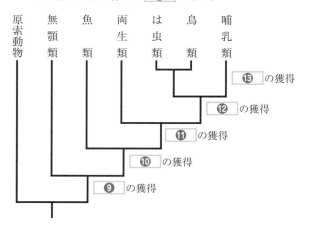

覚えることがたくさんあるけど
がんばろう

出るポイント

- 一生のうち，いずれかの時期に脊索をもつものを**脊索動物**という。
- 脊索動物には原索動物と脊椎動物がある。
- 脊椎動物はあごをもたない無顎類とあごをもつグループに分けられる。
- あごをもつグループは魚類と四足動物に分けられる。
- 四足動物のうち，両生類以外は，胚が羊膜などの胚膜に包まれて発生するので羊膜類とよばれる。
- 哺乳類以外は卵生であり，哺乳類は母体内で胚を育てる胎生である。

解 説：脊索動物の系統

脊索動物	原素動物			ホヤ，ナメクジウオ
	脊椎動物	無顎類		ヤツメウナギ
		魚類	軟骨魚類	サメ，エイ
			硬骨魚類	フナ，ウナギ
		四足動物	両生類	カエル，イモリ
			羊膜類 は虫類	カメ，ワニ
			羊膜類 鳥類	ニワトリ，ペンギン
			羊膜類 哺乳類	クジラ，サル

各グループの具体的な生物例を覚えよう

解 答

❶ 原素　❷ 脊索　❸ 脊椎　❹ 無顎　❺ 軟骨　❻ 硬骨
❼ 羊膜　❽ 胎生　❾ 脊椎　❿ あご　⓫ 四肢〔四足〕
⓬ 胚膜〔羊膜〕　⓭ 胎生

人類の進化

A☑ 次の文章の空欄❶〜❹に適語を入れよ。

　新生代になると霊長類が出現した。霊長類は親指が他の指と向かい合わせになっており（これを ❶ という），また両眼が顔の正面に位置し，❷ 視ができる範囲が広がって，遠近感が発達した。

　化石人類は，猿人 → ❸ → 旧人 → 新人 へと進化していった。人類の特徴は，❹ をするようになったことで，手が発達し，道具を使うようになったことである。

A☑ 次の文章の❺〜❾の｜　｜内から正しいものを選べ。

　人類は類人猿に比べて眼窩上隆起が❺｜a 大きく　b 小さく｜，犬歯が❻｜a 大きく　b 小さく｜，おとがいが❼｜a ある　b ない｜。また，大後頭孔が頭骨の❽｜a 斜め後ろ　b 真下｜にあり，骨盤の形が❾｜a 縦長　b 横長｜である。

やっぱり，❹ がポイントだね

この他にも，人類の特徴として，頭蓋容積が大きい，S字状に湾曲した脊柱をもつ，土踏まずがある，などがあるよ

出るポイント

● 人類は直立二足歩行をするようになって，手で道具を使うようになった。また，脳が発達した。

● 人類の骨盤は幅が広く，上下に短い形状になっており，直立した姿勢で内臓を支えるのに適している。

● 人類では，大後頭孔が頭骨の真下にあるので，頭を胴体の真上に保つことができる。

● その他，人類では，眼窩上隆起がない，おとがいが発達している，上肢が短く下肢が長いなどの特徴もある。

解　説：類人猿と人類の比較

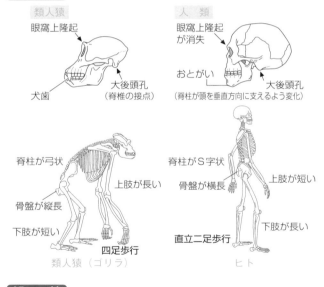

類人猿
眼窩上隆起
犬歯
大後頭孔（脊椎の接点）

人　類
眼窩上隆起が消失
おとがい
大後頭孔（脊柱が頭を垂直方向に支えるよう変化）

脊柱が弓状
上肢が長い
骨盤が縦長
下肢が短い
四足歩行
類人猿（ゴリラ）

脊柱がS字状
上肢が短い
骨盤が横長
下肢が長い
直立二足歩行
ヒト

解　答

❶ 拇指対向性　❷ 立体　❸ 原人　❹ 直立二足歩行　❺ b
❻ b　❼ a　❽ b　❾ b

生物体を構成する物質

A☐ 次の文章の空欄**①**〜**⑤**に適語を入れよ。

　水は生物体を構成する物質のうち最も多く含まれている。水分子は電気的に偏りのある　**①**　分子である。このため分子間で　**②**　結合という**弱い結合**を生じる。水分子は**①**をもつ多くの有機物や金属イオンを**よく溶かす**ことができる。これにより，水は細胞内での　**③**　反応の場となり，物質の　**④**　に役立つ。また，　**⑤**　が大きく，体内の急激な温度変化を抑えるのに役立つ。

A☐ 次の文章の空欄**⑥**〜**⑧**に適語を入れよ。

　動物細胞では水の次に多い物質が　**⑥**　である。**⑥**は多数の　**⑦**　が結合したもので，**⑥**を構成する**⑦**の種類は　**⑧**　種類で，この並び方によってさまざまな種類の**⑥**ができる。**⑥**は生物の**構造を支える構成成分**となり，また，**いろいろな働きをもち**，重要な役割を担っている。

A☐ 次の文章の空欄**⑨**〜**⑬**に適語を入れよ。

　⑨　は**水になじみやすい性質**（＝　**⑩**　性）の部分と**水をはじく性質**（＝　**⑪**　性）の部分がある。**⑨**には脂肪，リン脂質，ステロイドがあり，脂肪は**エネルギー源**，リン脂質は　**⑫**　の主成分，ステロイドは糖質コルチコイドなどのある種の　**⑬**　の成分となる。

A☐ 次の文章の空欄**⑭**〜**⑲**に適語を入れよ。

　⑭　は生体内の**エネルギー源**となる。また植物細胞の　**⑮**　の主成分として，植物細胞の形状を支えている。

　⑯　には DNA と　**⑰**　があり，ともに構成単位は　**⑱**　である。DNA は**遺伝情報**を担い，**⑰**は DNA の遺伝情報からタンパク質が合成されるときの仲立ちとなる。

　また，体液には Na，K，Ca，Mg，Fe などの　**⑲**　が含まれており，これらの多くは水に溶けて**イオン**として存在する。**⑲**は**体液濃度や pH の調節**をしたり，生体物質の成分となるなど重要な役割を果たしている。

第1節

第2節

第3節

第4節

第5節

第6節

出るポイント

- 水……化学反応の場となる。物質の輸送，細胞の温度を一定に保つ役割を担う。
- タンパク質……生物の構造を支える成分となったり，いろいろな働きを担う。
- 脂質……エネルギー源（脂肪）となり，細胞膜などの膜構造の成分（リン脂質）となる。
- 炭水化物……エネルギー源となり，細胞壁の成分（セルロース）となる。
- 核酸……DNA と RNA があり，遺伝情報の保持と発現を行う。
- 無機塩類……ナトリウム Na，カリウム K，カルシウム Ca，鉄 Fe など

解　説：生物体を構成する物質

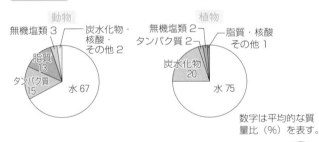

数字は平均的な質量比（％）を表す。

動物と植物でかなり違うんだね

解　答

❶ 極性　❷ 水素　❸ 化学　❹ 輸送　❺ 比熱　❻ タンパク質　❼ アミノ酸　❽ 20　❾ 脂質　❿ 親水　⓫ 疎水　⓬ 細胞膜〔生体膜〕　⓭ ホルモン　⓮ 炭水化物　⓯ 細胞壁　⓰ 核酸　⓱ RNA　⓲ ヌクレオチド　⓳ 無機塩類

A☐ 次の文章の空欄**❶**〜**❻**に適語を入れよ。

　　核は二重の膜からなる **❶** に包まれており，**❶**の表面には **❷** とよばれる多数の孔がある。核の内部には染色体の他に1〜数個の **❸** がある。染色体では，DNA が **❹** とよばれるタンパク質に巻きついてビーズ状の **❺** とよばれる構造を形成し，これが**折りたたまれて凝集し，** **❻** 繊維とよばれる構造を形成している。**細胞分裂の際には❻がさらに折りたたまれて凝縮し，太い染色体となる。**

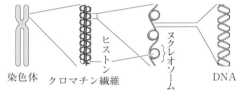

染色体　　クロマチン繊維　　ヒストン　　ヌクレオソーム　　DNA

A☐ 次の文章の空欄**❼**〜**⓮**に適語を入れよ。

　　ミトコンドリアは内膜と外膜の二重の膜でできており，内膜は内部に向かって突出して **❼** とよばれるひだをつくる。また，内膜に囲まれた部分を **❽** という。ミトコンドリアは **❾** の場となり，**有機物を分解して細胞の活動に必要なエネルギーである** **❿** を合成する働きが行われる。

　　葉緑体も内膜と外膜の二重の膜でできており，内膜に囲まれた部分には **⓫** とよばれる**扁平な袋状の構造**が存在する。また，**⓫**が多数積み重なった部分は **⓬** とよばれる。**⓫**の間を満たしている部分は **⓭** とよばれる。葉緑体は **⓮** の場であり，**光エネルギーを利用して❿を合成し，このエネルギーを用いて二酸化炭素から有機物を合成する。**

C☐ **⓯** 葉緑体は色素体とよばれ原色素体に由来する。色素体には葉緑体の他に何があるか。2つ答えよ。

第1節

第2節

第3節

第4節

第5節

第6節

出るポイント

- 核……遺伝情報が DNA の塩基配列として保持されている。
- 核小体……核の中に1～数個存在する。
- ミトコンドリア……二重膜構造。内膜は突出してクリステをつくる。内膜に囲まれた部分をマトリックスという。**呼吸の場。**
- 葉緑体……二重膜構造。扁平な袋状のチラコイドがあり，それ以外の部分をストロマという。**光合成の場。**
- ミトコンドリアと葉緑体は二重膜構造で DNA をもち，細胞内で分裂して増殖するなど共通の特徴がみられる（P.21参照）。

解 説 : ミトコンドリアと葉緑体の電子顕微鏡像

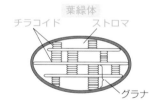

ミトコンドリア
クリステ　　　マトリックス

葉緑体
チラコイド　　　ストロマ

グラナ

ミトコンドリアは本当はミミズみたいな形をしているんだって

これらの図はかけるようにしておこう（入試で作図問題が出ることもあるよ）

解 答

❶ 核膜　❷ 核膜孔　❸ 核小体　❹ ヒストン　❺ ヌクレオソーム　❻ クロマチン　❼ クリステ　❽ マトリックス
❾ 呼吸　❿ ATP　⓫ チラコイド　⓬ グラナ　⓭ ストロマ　⓮ 光合成　⓯ 有色体，白色体　など

A☐ 次の文章の空欄❶~❻に適語を入れよ。

　　リボソームは生体膜をもたない粒状の構造で，❶ とタンパク質からできている。❷ の合成の場となっており，DNA の遺伝情報を転写した ❸ の塩基配列にもとづき❷を合成する。

　　❹ は一重の生体膜からなる袋状の構造で，表面にリボソームが付着しているものとしていないものがある。リボソームで合成された❷を細胞小器官の ❺ へ輸送する。

　　❺は一重の生体膜からなる扁平な袋状の構造が数枚重なった構造である。❹によって運ばれた❷を受け取って濃縮し，小胞に包んで細胞外へ ❻ する働きをする。

B☐ 次の文章の空欄❼~⓬に適語を入れよ。

　　❼ は❺から生じる構造体で，各種の ❽ 酵素を含む。細胞内で生じた不要なものや，細胞外から取り込んだ異物をこの内部で分解する。❼は不要になったタンパク質や細胞小器官を分解する働きである ❾ に関わっている。

　　❿ は動物細胞および植物細胞のうち，コケ植物・シダ植物の精子をつくる細胞にみられる構造で，細胞分裂の際には ⓫ の形成の起点となる。また，べん毛や ⓬ の形成にも関与する。

A☐ 次の文章の空欄⓭~⓱に適語を入れよ。

　　⓭ は成熟した植物細胞で発達し，一重の生体膜からなる。内部は ⓮ 液で満たされており，栄養物質や老廃物の他に ⓯ などの色素を含むものもある。

　　⓰ は植物細胞の外側にみられる構造で，細胞を保護し，形を保持する役割をしている。⓱ やペクチンなどが主成分である。

出るポイント

- リボソーム……タンパク質の合成の場
- 小胞体……タンパク質の移動通路
- ゴルジ体……タンパク質を細胞外へ分泌する。
- リソソーム……各種の分解酵素を含む小胞
- 中心体……紡錘体形成の起点となる。
- 液胞……植物細胞で発達。細胞液を含む。
- 細胞壁……植物細胞に存在。細胞の保護と形の保持

解　説：タンパク質の移動

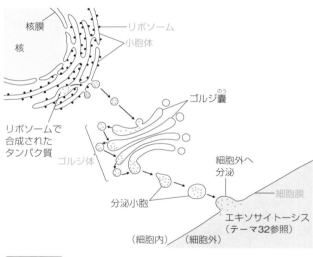

解　答

❶ rRNA　❷ タンパク質　❸ mRNA　❹ 小胞体　❺ ゴルジ体　❻ 分泌　❼ リソソーム　❽ 分解　❾ オートファジー〔自食作用〕　❿ 中心体　⓫ 紡錘体　⓬ 繊毛　⓭ 液胞　⓮ 細胞　⓯ アントシアン　⓰ 細胞壁　⓱ セルロース

テーマ 29 細胞骨格

A☐ ❶ 真核細胞の細胞質基質に**張りめぐらされている繊維状の構造**で，細胞の形の保持などに関与している構造を何というか。

A☐ ❷ ❶は太さと構成するタンパク質の種類から3つの種類に分けられる。このうち，最も太い繊維を何というか。

A☐ ❷に関する次の文章の空欄❸〜❻に適語を入れよ。

❷は ❸ とよばれるタンパク質からなる。細胞内の細胞小器官の移動や物質を輸送する際の**レールの役割**をしている。また，細胞の運動器官である ❹ や ❺ を構成し，その働きに関与している。さらに，細胞分裂の際に形成される ❻ はこの❷である。

A☐ ❼ ❶のうち，直径が約10nm の繊維で，細胞の形や核の形を保つ役割をしており，繊維状のタンパク質が重なり合って，**強固な構造**をつくっている。この繊維を何というか。

A☐ ❽ ❶のうち，直径が約7nm の繊維で，**マイクロフィラメントともよばれる繊維**を何というか。

A☐ ❽に関する次の文章の空欄❾〜⓬に適語を入れよ。

❽は ❾ とよばれる球状のタンパク質が繊維状に集合したものである。❾はミオシンとよばれるタンパク質とともに， ❿ に関わっている。他に，細胞内で細胞小器官がゆっくり動く ⓫ とよばれる現象や，動物細胞における細胞分裂の ⓬ に関わっている。

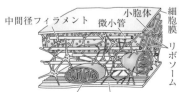

中間径フィラメント　微小管　小胞体　細胞膜　リボソーム　ミトコンドリア　アクチンフィラメント

こんなふうに細胞内には繊維状の構造が張りめぐらされているんだね

出るポイント

- 真核細胞の細胞質基質に張りめぐらされている繊維状構造を細胞骨格という。
- 細胞骨格は細胞の形を保持し，細胞内の物質輸送や細胞小器官の移動，細胞の運動に関与している。
- 細胞骨格は太さと構成するタンパク質の種類から，微小管，中間径フィラメント，アクチンフィラメントの3つに分けられる。
- 微小管は細胞内で小胞などを**輸送する**際の**レールの役割**となるほか，**べん毛**や**繊毛**を構成し，その働きに関与する。
- 中間径フィラメントは強固な構造で，**細胞の形や核の形を保つ役割**をする。
- アクチンフィラメントは**筋収縮**や**原形質流動**（細胞質流動），動物細胞の細胞質分裂に関与する。

解　説：細胞骨格の種類

微小管	中間径フィラメント	アクチンフィラメント
約25nm　チューブリン	約10nm	約7nm　　アクチン
・細胞小器官の輸送 （レールの役割） ・べん毛・繊毛の運動	・細胞・核の形を保つ 強固な構造	・筋収縮 ・原形質流動 ・細胞質分裂

解　答

❶ 細胞骨格　❷ 微小管　❸ チューブリン　❹・❺ べん毛・繊毛　❻ 紡錘糸　❼ 中間径フィラメント　❽ アクチンフィラメント　❾ アクチン　❿ 筋収縮　⓫ 原形質流動〔細胞質流動〕　⓬ 細胞質分裂

テーマ 30 　生体膜の働きと構造

A☐ **❶** 　細胞膜などの生体膜を構成している主な成分は何か。

A☐ **❷** 　生体膜は❶の二重層でできており，そのところどころに埋まっている成分は何か。

A☐ 　❶に関する次の文章の空欄❸・❺に適語を入れ，❹・❻の│ │内から正しいものを選べ。

　　細胞膜の❶は，**水になじみやすい** ☐ ❸ 性の部分を❹│a 外側　b 内側│に，**水になじみにくい** ☐ ❺ 性の部分を❻│a 外側　b 内側│に向けるようにして二層に並んでいる。

A☐ **❼** 　❶の分子は固定されておらず**流動的に動く**ので，埋め込まれている❷は**自由に動くことができる**。このモデルを何というか。

A☐ 　細胞膜を透過しやすい物質と透過しにくい物質がある。次の❽〜❸の物質について，細胞膜を透過しやすい物質にはa，透過しにくい物質にはbと答えよ。

　　❽ 水　　　　**❾** ナトリウムイオン Na^+

　　❿ 二酸化炭素 CO_2　　**⓫** 酸素 O_2　　**⓬** アミノ酸

　　⓭ 糖

A☐ **⓮** 　細胞膜を透過しにくい物質は，細胞に埋まっている❷によって膜を通過することができる。この❷の働きによって，細胞膜は特定の物質のみを透過させる性質をもつ。細胞膜のこのような性質を何というか。

A☐ **⓯** 　物質はふつう濃度の高い方から低い方へ移動して，濃度が均一になろうとする。この現象を何というか。

A☐ **⓰** 　細胞膜を介した物質の輸送において，**濃度勾配に従った**⓯による輸送を何というか。

A☐ **⓱** 　細胞膜を介した物質の輸送において，**エネルギーを利用して，濃度勾配に逆らった**方向への物質の輸送を何というか。

出るポイント

- 細胞膜や細胞小器官の膜は基本的に同じ構造をしており，まとめて生体膜という。
- 生体膜はリン脂質の二重層に，ところどころタンパク質が埋め込まれている。
- リン脂質は親水性の部分を外側に，疎水性の部分を内側に向けるようにして二層に並んでいる。
- リン脂質の分子は流動的に動くので，タンパク質は比較的自由に動くことができる。このモデルを流動モザイクモデルという。
- 細胞膜は CO_2 や O_2 など小さな分子や疎水性の物質は**透過させる**が，**水**や**アミノ酸**，**糖**などの極性のある物質や**イオン**などの荷電した物質は**透過させにくい**。

解　説：細胞膜の構造

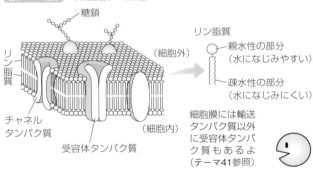

- 糖鎖
- リン脂質
- （細胞外）
- チャネルタンパク質
- （細胞内）
- 受容体タンパク質

リン脂質
- 親水性の部分（水になじみやすい）
- 疎水性の部分（水になじみにくい）

細胞膜には輸送タンパク質以外に受容体タンパク質もあるよ（テーマ41参照）

解　答

❶ リン脂質　❷ タンパク質　❸ 親水　❹ a　❺ 疎水
❻ b　❼ 流動モザイクモデル　❽ b　❾ b　❿ a
⓫ a　⓬ b　⓭ b　⓮ 選択的透過性　⓯ 拡散
⓰ 受動輸送　⓱ 能動輸送

第4節　細胞と分子　71

テーマ 31 細胞膜の物質の輸送

A☐ ❶ 細胞膜を貫通して存在する輸送タンパク質で，門（ゲート）のついた管のような構造をしており，**門が開いているときに特定の物質**を通過させる。この輸送タンパク質を何というか。

A☐ ❶に関する次の文章の空欄❷・❹に適語を入れ，❸の｜　｜内から正しいものを選べ。

　❶を通過する物質は主に ❷ である。それぞれの❶は特定の❷のみを，濃度の❸｜a 高い方から低い方　b 低い方から高い方｜へと通過させる。門が閉じているときには通過できない。

　水分子は細胞膜のリン脂質の部分を通過することができるが， ❹ とよばれる水分子のみを通す❶によって，**大量の水を通過させることができる**。

A☐ 次の文章の空欄❺・❼に適語を入れ，❻・❽の｜　｜内から正しいものを選べ。

　細胞膜に貫通して存在する輸送タンパク質で，アミノ酸や ❺ などの低分子の極性物質を，濃度の❻｜a 高い方から低い方　b 低い方から高い方｜へと輸送するものを ❼ （輸送体）という。輸送される物質が❼に結合すると，**❼の立体構造が変化して，膜の反対側へ物質を運ぶ**。この輸送タンパク質の働きにより，物質が膜を通過する速度は著しく❽｜a 上昇　b 低下｜する。

A☐ 次の文章の空欄❾～⓬に適語を入れよ。

　細胞膜に貫通して存在する輸送タンパク質のうち，**濃度勾配に逆らって物質を輸送する**ものを ❾ という。このような輸送は ❿ 輸送とよばれ，受動輸送と異なり ⓫ を必要とする。この代表的な例である ⓬ では，細胞内から細胞外へ Na^+ を**排出**し，細胞外から細胞内へ K^+ を**取り込んでいる**。

出るポイント

- 細胞膜に貫通して存在する輸送タンパク質にはチャネル，担体（輸送体），ポンプがある。
- チャネルは，開口時にそれぞれ特定のイオンのみを濃度勾配に従った方向へ通過させる。
- 水分子はアクアポリンによって細胞膜を通過する。
- 担体（輸送体）は，グルコースなど特定の低分子の極性物質と結合して膜の反対側へ輸送する。
- チャネル，担体による物質の輸送は**濃度勾配に従った受動輸送で，エネルギーを必要としない**が，ポンプは**濃度勾配に逆らった物質の輸送を行い，ATP のエネルギーを必要とする（能動輸送）。**

解　説：輸送タンパク質の働き

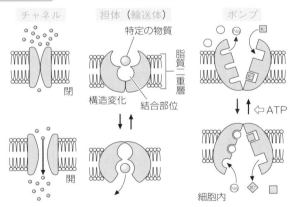

チャネル　　担体（輸送体）　　ポンプ
特定の物質
脂質二重層
構造変化　結合部位
閉　　　　開
細胞内
⇦ATP

解　答

❶ チャネル　**❷** イオン　**❸** a　**❹** アクアポリン　**❺** 糖〔グルコース〕　**❻** a　**❼** 担体　**❽** a　**❾** ポンプ　**❿** 能動　**⓫** （ATP の）エネルギー　**⓬** ナトリウムポンプ

A☐ 次の文章の空欄**❶**~**❹**に適語を入れよ。

細胞膜を通過できない**物質**は下図のようなしくみで細胞内外を移動する。

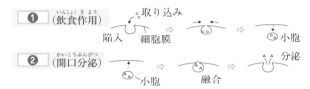

❶ いんしょくさよう（飲食作用）　取り込み　陥入　細胞膜　⇨　小胞

❷ かいこうぶんぴつ（開口分泌）　⇨　小胞　融合　分泌

細胞膜が陥入して細胞外の物質を**包み込んだ**小胞をつくることにより，細胞内に取り込まれる。この現象を**❶**（飲食作用）という。一方，細胞内の小胞が**細胞膜と融合**することにより，小胞内の物質が細胞外へ分泌される。このような現象を**❷**（開口分泌）という。テーマ28で，**❸**から分離した小胞が内部にあるタンパク質を細胞外へ分泌するのもこのしくみによるものである。植物細胞では，このしくみによって**❹**の成分であるセルロースなどが細胞膜外に分泌される。

A☐**❺** **❶**のしくみがみられる例を1つあげよ。

A☐**❻** 動物細胞で，**❷**のしくみによって細胞外に分泌される物質の例を1つあげよ。

A☐**❼** **❶**や**❷**における小胞の移動をはじめ，細胞内の**物質の移動**や細胞小器官の輸送を行うタンパク質を何というか。

A☐ **❼**に関する次の文章の空欄**❽**~**⓬**に適語を入れよ。

❼は小胞などの輸送される物質に結合し，**❽**であるアクチンフィラメントまたは**❾**に沿って移動することで，物質を輸送している。**❼**は**❿**分解酵素としての活性をもち，**❼**の移動には**❿**のエネルギーを必要とする。**❼**のうち，アクチンフィラメントに沿って移動するのは**⓫**で，**❾**に沿って移動するのはキネシンと**⓬**である。

出るポイント

- 細胞膜のリン脂質二重層や輸送タンパク質を透過できない大きさの分子は**細胞膜と小胞の**融合や分離を伴う**輸送**が行われる。

- 細胞外の物質は，細胞膜が陥入してその**物質を包み込んだ小胞**をつくることで，細胞内に取り込まれる。この現象をエンドサイトーシス（飲食作用）という。

- 細胞内の**小胞が細胞膜と融合する**ことにより，小胞内の物質が細胞外へ分泌される。このような現象をエキソサイトーシス（開口分泌）という。

- 細胞内の物質の輸送を行うタンパク質をモータータンパク質という。

- モータータンパク質は ATP のエネルギーを利用して，アクチンフィラメントまたは微小管に沿って移動することにより，結合している小胞などを運ぶ。

解　説

輸送される物質
（小胞など）

キネシン
（モーター
タンパク質）

微小管

荷物をもった
人がレールの
上を歩いているみたいだね

解　答

❶　エンドサイトーシス　❷　エキソサイトーシス　❸　ゴルジ体
❹　細胞壁　❺　マクロファージが細菌などの異物を細胞内に取り込むとき　など　❻　神経伝達物質，消化酵素，ホルモン　など
❼　モータータンパク質　❽　細胞骨格　❾　微小管　❿　ATP
⓫　ミオシン　⓬　ダイニン

タンパク質の立体構造

A☑ ❶ タンパク質を構成するアミノ酸は何種類か。

A☑ 次の文章の空欄❷〜❺に適語を入れよ。

　　アミノ酸は，炭素原子に ❷ 基と ❸ 基と水素原子と側鎖が結合したもので，アミノ酸どうしの結合は一方の❷基と他方の❸基から ❹ 分子が除かれて，下図に示すような結合が生じる。この結合を ❺ 結合という。

❺ 結合

A☑ ❻ タンパク質はアミノ酸が多数つながったポリペプチドからなる。ポリペプチドを構成するアミノ酸の配列順序を何というか。

A☑ 次の文章の空欄❼〜⓮に適語を入れよ。

　　タンパク質（ポリペプチド）の離れたアミノ酸間の ❼ 結合によって**らせん状**になった構造を ❽ 構造，**じぐざぐに折れ曲がったシート状**の構造を ❾ 構造といい，このような部分的な立体構造を ❿ という。さらに，タンパク質は部分的な❽構造や❾構造をもちながら，システインどうしの間にみられる ⓫ 結合などにより，複雑に折りたたまれた立体構造をとる。このように立体的になったタンパク質全体の構造を ⓬ という。また，タンパク質によっては**複数のポリペプチドが組み合わさって複合体をつくる**ことがある。このような立体構造を ⓭ という。赤血球のタンパク質である ⓮ はこの例である。

出るポイント

- タンパク質は20種類のアミノ酸で構成される。
- **カルボキシ基とアミノ基の間で水分子が除かれて結合するアミノ酸どうしの結合を**ペプチド結合という。
- タンパク質（ポリペプチド）を構成するアミノ酸の配列順序を一次構造といい，これによりタンパク質の基本的な形や性質が決まる。
- 水素結合によってつくられる部分的な構造を二次構造という。
- S-S結合（ジスルフィド結合）などによって1つのポリペプチドが折りたたまれてできた分子全体の立体構造を三次構造という。
- 三次構造をもつポリペプチドが複数集まってできた立体構造を四次構造という。

解説：タンパク質の立体構造

二次構造　　　　　　三次構造　　　　　　四次構造

水素結合
α ヘリックス構造

水素結合
β シート構造

解答

① 20種類　②・③ カルボキシ・アミノ　④ 水
⑤ ペプチド　⑥ 一次構造　⑦ 水素　⑧ αヘリックス
⑨ βシート　⑩ 二次構造　⑪ S-S〔ジスルフィド〕
⑫ 三次構造　⑬ 四次構造　⑭ ヘモグロビン

タンパク質の立体構造と機能

A□ ❶ タンパク質はそれぞれ特定の立体構造を形成しており，立体構造によってその機能を発揮する。タンパク質の立体構造が崩れることを何というか。

A□ ❷ タンパク質が❶する要因を2つ答えよ。

A□ ❸ タンパク質が❶することにより，その機能が失われることを何というか。

C□ ❹ タンパク質は合成後に特定のタンパク質の作用を受けて折りたたまれ，立体構造を形成する。**他のタンパク質を正しく折りたたみ**，その機能の獲得を助けるタンパク質を何というか。

C□ ❹に関する次の文章の空欄❺〜❼に適語を入れよ。

❹はタンパク質の折りたたみを補助するほかに，合成されたタンパク質がミトコンドリアや葉緑体などの細胞小器官の膜を ❺ するのを補助したり，正しく折りたたまれなかったタンパク質が細胞小器官の ❻ から移動するのを阻止したり，また，立体構造が異常になったタンパク質を再度折りたたみ，正常に働くように回復させたり，さらに，古くなったタンパク質や正常な立体構造をつくれなかったタンパク質が ❼ されるのを補助したりしている。

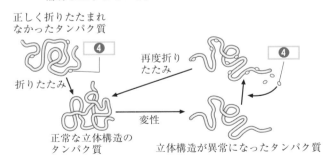

正しく折りたたまれ
なかったタンパク質

❹

折りたたみ

正常な立体構造の
タンパク質

再度折り
たたみ

変性

❹

立体構造が異常になったタンパク質

出るポイント

- タンパク質は特定の立体構造をもつことによって機能を発揮することができる。
- タンパク質は高温や強酸，強アルカリによって，水素結合やS-S結合が切れて立体構造が崩れる。これを変性という。
- タンパク質が折りたたまれて立体構造をつくるとき，正しく折りたたまれるように補助するタンパク質をシャペロンという。

解　説：タンパク質の立体構造と変性

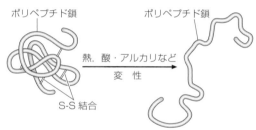

ポリペプチド鎖　　　　　　　　　ポリペプチド鎖

熱，酸・アルカリなど
変　性

S-S結合

正常な形のタンパク質分子　　　変性したタンパク質分子
　　　　　　　　　　　　　　　（水素結合やS-S結合が切れる）
　　　　　　タンパク質は変性によって，その機能を失う。

シャペロンというのは，社交界にデビューする若い女性を介助するベテランの女性のことなんだって

解　答

❶　変性　　❷　高温，極端なpH〔強い酸，強いアルカリ〕など
❸　失活　　❹　シャペロン　　❺　透過　　❻　小胞体　　❼　分解

テーマ 35 | 酵素の性質

A☐ 酵素に関する次の文章の空欄**❶**〜**❺**に適語を入れよ。

酵素は化学反応を促進する **❶** として働く。これは酵素が化学反応に必要な **❷** エネルギーを低下させるためである。これにより，常温常圧の穏和な条件でも化学反応が効率よく進行する。酵素反応が起きるとき，酵素は作用する物質（基質）と結合して **❸** を形成する。このとき，基質が結合する部位を **❹** といい，この部位に適合した物質（基質）だけが酵素と結合して反応する。つまり，**酵素は特定の物質にしか作用しない**。このような酵素の性質を **❺** という。

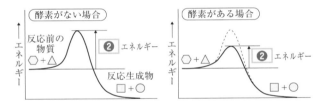

A☐ 酵素の性質に関する次の文章の空欄**❻**〜**⓮**に適語や数値を入れよ。

温度が高くなるほど分子運動が活発になり，酵素と基質が衝突する頻度が **❻** くなって結合しやすくなるので，反応速度が上昇する。しかし，一定の温度を超えると，酵素の主成分の **❼** が熱によって **❽** し，活性を失う（失活する）。このため，酵素には**最もよく働く温度**があり，これを **❾** という。酵素反応は溶液の **❿** の影響を受け，**強い酸性や強いアルカリ性のもとでは働かない**。活性が最大になるときの❿を **⓫** という。一般的な酵素の⓫の値は **⓬** 付近であるが，ペプシンの値は約 **⓭** ，トリプシンの値は約 **⓮** である。

出るポイント

- 酵素（触媒）は化学反応に必要な<u>活性化エネルギー</u>を低下させるので，穏和な条件でも化学反応を進行させることができる。
- 酵素の活性部位に結合できる特定の基質のみが反応する。これを<u>基質特異性</u>という。
- 酵素の主成分はタンパク質である。
- 熱，酸・アルカリ（塩基）などにより主成分である**タンパク質が変性**すると，基質が酵素と結合できなくなるため，酵素としての働きを失う。（＝失活）

解　説：酵素の最適温度，最適 pH

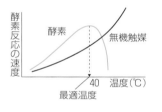

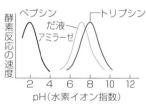

酵素の機能はタンパク質の立体構造が関わっているんだよね

解　答

❶　触媒　❷　活性化　❸　酵素−基質複合体　❹　活性部位〔活性中心〕　❺　基質特異性　❻　大き〔高〕　❼　タンパク質　❽　変性　❾　最適温度　❿　pH　⓫　最適 pH　⓬　7　⓭　2　⓮　8

テーマ 36 | 補 酵 素

A☑ 次の文章の空欄❶・❷・❹に適語を入れ，❸の｜ ｜内から正しいものを選べ。

酵素には，活性をもつために ❶ とよばれる**低分子の有機物**を必要とするものがある。❶は**酵素タンパク質から離れやすく**，セロハンなど半透膜の袋に入れたものを大量の水に浸す ❷ とよばれる操作により，❶と酵素タンパク質とを分離することができる。多くの❶は比較的熱に❸｜a 強い　b 弱い｜。

また，多くの❶は ❹ 類を成分としている。脱水素酵素の❶である NAD⁺ や NADP⁺ はその例である。

B☑ 次の実験の結果について，下の空欄❺〜❿に，「あり」または「なし」の語を入れよ。

実験1．すりつぶした酵母のしぼり汁をセロハンの袋に入れて水に浸す。

2．十分に時間がたったあと，セロハンの袋内の液を2つに分け，一方はそのまま（A液），もう一方は煮沸する（B液）。

3．セロハンの袋を浸した外液を濃縮して2つに分け，一方はそのまま（C液），もう一方は煮沸する（D液）。

4．以下に示す液の組合せにおいて，触媒作用を調べる。

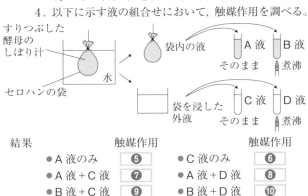

結果	触媒作用		触媒作用
●A液のみ	❺	●C液のみ	❻
●A液＋C液	❼	●A液＋D液	❽
●B液＋C液	❾	●B液＋D液	❿

出るポイント

- 酵素には補酵素を必要とするものがある。補酵素は**低分子の有機物で酵素タンパク質から離れやすい。**
- 補酵素は**熱**に対して比較的**強い。**
- 補酵素は半透膜を通過できるので、透析によって酵素タンパク質と容易に分離することができる。
- 多くの補酵素はビタミン類を成分としている。

解　説：補酵素の透析実験

前ページの実験について

- 酵母が行うアルコール発酵に働く酵素には、補酵素を必要とするものがある。
- 実験1の操作により、低分子の補酵素が半透膜（セロハン）を通って袋の外に出るので、**袋内には酵素タンパク質が残り**、**外液には補酵素が存在する。**
- 酵素タンパク質のみ、補酵素のみでは触媒作用はないが、両者を合わせると触媒作用をもつ。
- 酵素タンパク質は熱に弱いので、煮沸すると（B液）活性を失う。
- **補酵素は比較的熱に強いので、煮沸しても（D液）活性を失わない。**

酵素の中には、反応に鉄Feや銅Cuなどの金属を必要とするものもあるよ

解　答

❶ 補酵素　❷ 透析　❸ a　❹ ビタミン　❺ なし
❻ なし　❼ あり　❽ あり　❾ なし　❿ なし

37 | 酵素反応の速度

A☐❶ 酵素量一定のもと，ある基質濃度で反応を行わせる
と，反応時間と生成物量の関係は図1のようになった。
このグラフの傾きは何を意味するか。

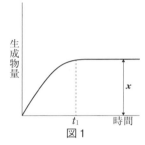

図1

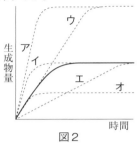

図2

A☐❷ 図1において，時刻 t_1 を過ぎると生成物量が変化しな
くなるのはなぜか。

A☐❸ 図1において，グラフが**水平になったときの高さ**（図
中の**x**）は何によって決まるか。

A☐❹ 基質濃度はそのままで，酵素濃度を $\frac{1}{2}$ にして反応させ
ると，グラフはどうなるか。図2のア～オから選べ。

A☐❺ 酵素濃度はそのままで，基質濃度を2倍にして反応さ
せると，グラフはどうなるか。図2のア～オから選べ。

A☐❻ 酵素濃度 E_2 で，基質濃度をいろいろ変えて反応させ，
基質濃度と反応速度の関係を調
べたところ，図3のようになっ
た。酵素濃度を E_2 の $\frac{1}{2}$ の濃度
（E_1）にして同様に反応させる
と，グラフはどのようになるか。
図3中に点線でかけ。

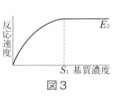

図3

A☐❼ 図3において，基質濃度が S_1 より高くなると，**それ
以上基質濃度を高くしても反応速度は増加しなくなる。**
その理由を簡潔に述べよ。

第1節

第2節

第3節

第4節

第5節

第6節

出るポイント

- 時間－生成物量のグラフでは,
  - **グラフの傾き**は反応速度を示す。
  - **水平部分の高さ**ははじめにあった基質の量を示す。
- 基質濃度－反応速度のグラフでは,
  - 酵素の反応速度は酵素－基質複合体（ES 複合体）の濃度に比例するので, 基質濃度が増加するに従って, 反応速度は増加するが, ある基質濃度をこえると, **すべての酵素が基質と結合して ES 複合体の濃度が最大となり**, 反応速度が最大となって一定になる。

解 説：酵素の反応速度

❹について……**基質濃度は変化していない**ので, グラフの水平部分の高さは変わらない。酵素濃度が$\frac{1}{2}$になると, **反応速度が$\frac{1}{2}$となり**, グラフの傾きが$\frac{1}{2}$になる。よって, **エ**が正解である。

❺について……**酵素濃度は変化していない**ので, グラフの傾きは変わらない。**基質濃度が2倍になる**ので, グラフの水平部分の高さが2倍になる。よって, **ウ**が正解である。

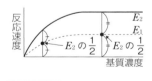

❻について……基質濃度が十分に高いときだけでなく基質濃度が低いときでも E_1 の反応速度は E_2 の$\frac{1}{2}$になるようにかく。

解 答

❶ 反応速度　❷ 基質がすべて反応したから。　❸ はじめにあった基質の量〔基質濃度〕　❹ エ　❺ ウ

❻

❼ すべての酵素が基質と結合して酵素－基質複合体濃度が最大となるので, 反応速度が最大となって一定となるから。

A☐ ❶ 基質と構造がよく似た物質が存在すると，この物質と基質との間で**酵素の活性部位**をめぐって**奪い合い**が起こり，酵素反応が阻害される。このような物質による阻害作用を何というか。

A☐ ❶に関する次の文章の❷〜❺の｜　｜内から正しいものを選べ。

❶では，阻害物質の濃度が一定のとき，基質濃度が低いと阻害物質と結合する酵素の割合が❷｜a 多い　b 少ない｜ため，阻害効果が❸｜a 大きく　b 小さく｜なる。しかし，基質濃度が高くなると，阻害物質と結合する酵素の割合が❹｜a 多い　b 少ない｜ため，阻害効果が❺｜a 大きく　b 小さく｜なる。

A☐ ❻ ❶の作用を示す阻害物質を一定量加えた場合の，基質濃度と反応速度の関係を示すグラフを，下の図中に点線でかけ。

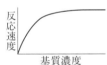

A☐ ❼ 酵素の**活性部位以外の部位**に基質以外の物質が結合することで，酵素の立体構造が変化し，基質が結合できなくなり，酵素反応が阻害されることがある。このような酵素を何というか。

A☐ ❼に関する次の文章の空欄❽・❾に適語を入れよ。

❼は一連の酵素反応における最初の反応を触媒するものが多く，最終産物が❼の　❽　部位に結合することによって❼の反応が阻害され，最終産物がつくられなくなる。また，最終産物が減少するとこの阻害が解除され，酵素が再び反応するようになる。このように**最終産物が最初の段階に作用する酵素の働きを調節するしくみ**を　❾　調節という。

第1節

第2節

第3節

第4節

第5節

第6節

出るポイント

- 基質と阻害物質との間で酵素の活性部位を奪い合うことで，酵素反応を阻害することを競争的阻害という。
- 競争的阻害では，阻害物質の濃度が一定の場合，基質濃度が高くなると阻害効果が小さくなる。
- 活性部位以外の部位に阻害物質が結合することで，酵素反応が阻害されるような酵素をアロステリック酵素といい，このような作用を非競争的阻害という。
- 一連の反応系の最終産物が最初の段階に作用する酵素に働きかけて，反応系全体の進行を調節するしくみをフィードバック調節という。これにはアロステリック酵素が関わっている場合が多く，これによって，**最終産物の濃度が一定に保たれる**。

解　説：フィードバック調節

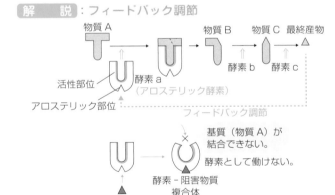

解　答

❶　競争的阻害　❷　a　❸　a　❻
❹　b　❺　b　❼　アロステリック
酵素　❽　アロステリック　❾　フィードバック

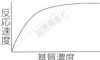

39 | 免疫に関わるタンパク質①〜抗体

A☐ ❶　体液性免疫で働く抗体は何というタンパク質か。

B☐　下図は抗体の構造を示したものである。図中の❷〜❺に
適する語句を記せ。

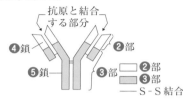

B☐　次の文章の❻〜❽の｛　｝内から正しいものを選べ。

上図の❷部のアミノ酸配列は❻｛a 抗体ごとに異なり
b どの抗体でも同じであり｝，抗原は抗体の❼｛a ❷部
の先端　b ❸部の先端｝に結合する。また，成熟した1
個のB細胞は❽｛a 1種類の抗体しかつくらない
b 多種類の抗体をつくる｝。

C☐　次の文章の空欄❾・❿に適語・数値を入れよ。

未熟なB細胞では，抗体をつくるための**遺伝子断片**
が多数あり，グループを形成している。❺鎖では V，D，
Jの3つの領域から，❹鎖では V，Jの2つの領域から
なり，B細胞が成熟するときに**それぞれのグループから
遺伝子断片が1つずつ選択されて**遺伝子の　❾　が起
こり，❷部の遺伝子がつくられる。今，❺鎖の V，D，
Jの各遺伝子断片がそれぞれ400種，25種，6種，❹鎖
の V，Jの各遺伝子断片が200種，5種あるとすると，
❷部の遺伝子の組合せは　❿　通りになる。

C☐⓫　上記の抗体の多様性のしくみを解明したのは誰か。

このようなしくみが
あるから，非常にた
くさんの種類の抗体
ができるんだね

このしくみの解明
によって，　⓫
はノーベル賞を受
賞したよ

出るポイント

- 抗体は免疫グロブリンとよばれるタンパク質でできている。
- 抗体はH鎖（Heavy chain）とL鎖（Light chain）の2種類のポリペプチドが2本ずつ，計4本からできている。
- 抗体の可変部の構造は抗体ごとに異なっており，この可変部で特定の抗原と結合する。
- 成熟したB細胞は1個につき1種類の抗体しかつくらない。
- 未熟なB細胞が成熟したB細胞へと分化する過程で，遺伝子の再編成が行われる。

解説 ：遺伝子の再編成（⓾の解説）

H鎖の遺伝子

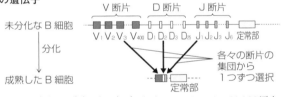

H鎖の可変部の遺伝子の組合せは400×25×6＝60,000通り

L鎖の遺伝子

同様に，V断片の集団，J断片の集団から1つずつ選択されるので，L鎖の可変部の遺伝子の組合せは200×5＝1,000通り

よって，全体では60,000×1,000＝60,000,000通りとなる。

解答

❶ 免疫グロブリン ❷ 可変 ❸ 定常 ❹ L ❺ H
❻ a ❼ a ❽ a ❾ 再編成〔再構成〕 ⓾ 6000万
⓫ 利根川 進

テーマ 40 免疫に関わるタンパク質②〜MHC, HLA

C□ 次の文章の空欄**①**〜**③**に適語を入れよ。

　　脊椎動物の細胞表面には，個体に固有の **①** とよばれるタンパク質が存在する。**①**は**自己か非自己かを判断する目印**となり，ヒトでは **②** とよばれる。T細胞の表面には **③** とよばれる膜タンパク質があり，ここで**抗原を認識する**。**③**は**①**に結合した非自己のタンパク質断片と反応し，非自己と認識する。

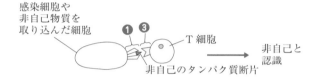

感染細胞や非自己物質を取り込んだ細胞　**①** **③**　T細胞　→　非自己と認識

非自己のタンパク質断片

C□ 次の文章の空欄**④**・**⑥**に適語を入れ，**⑤**の｜　｜内から正しいものを選べ。

　　自己とは異なる個体の皮膚や臓器を自己に移植すると，ふつう**定着しないで脱落する**。このような反応を **④** という。他人から臓器の移植を受けたヒトのヘルパーT細胞表面にある**③**は，移植臓器の細胞表面に存在する**②**を非自己と認識して免疫が働く。

　　②の遺伝子の型が個体間で一致する確率は**⑤**｜a 高い　b 極めて低い｜。このため，ほとんどの臓器移植では，手術後に**④**を抑えるために **⑥** 剤を用いることが多い。

父□□ × □□母

子　子　子　子

②の型は左図のように兄弟姉妹では25%の確率で一致するよ

第1節

第2節

第3節

第4節

第5節

第6節

出るポイント

- ●MHC（主要組織適合遺伝子複合体）分子（MHC抗原）は細胞表面に存在する個体固有のタンパク質で，自己か非自己かを判断する目印となる。
- ●ヒトのMHC分子をHLA（ヒト白血球型抗原）という。
- ●T細胞の表面にはT細胞レセプター（TCR）があり，ここで抗原を認識する。
- ●T細胞レセプターは非自己のタンパク質断片と結合したMHC分子と反応し，非自己と認識する。

解　説：ヘルパーT細胞による非自己の細胞の認識と攻撃

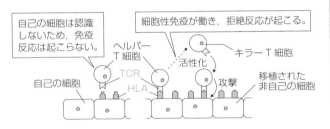

自己の細胞は認識しないため，免疫反応は起こらない。

細胞性免疫が働き，拒絶反応が起こる。

ヘルパーT細胞

キラーT細胞

活性化

TCR

HLA

自己の細胞

攻撃

移植された非自己の細胞

ちょっと難しいね

発展の内容だからね

解　答

❶ MHC分子〔MHC抗原〕　❷ HLA〔ヒト白血球型抗原〕

❸ T細胞レセプター〔TCR〕　❹ 拒絶反応　❺ b

❻ 免疫抑制

情報伝達とタンパク質

A☐ 次の文章の空欄❶・❷に適語を入れよ。

　　細胞が情報を伝達する際に放出する物質を情報伝達物質といい，情報伝達物質を受け取る細胞を ❶ 細胞，❶細胞にある情報を受け取るタンパク質を ❷ という。

A☐ 次の文章の空欄❸〜❺に適語を入れよ。

　　神経系による情報伝達では，情報伝達物質としてニューロンの軸索末端から ❸ が放出される。隣接するニューロンの細胞膜には，この❷となる ❹ 性イオンチャネルがあり，❸が結合するとチャネルが開き，細胞外の Na^+ が細胞内に流入する。これにより，ニューロンの膜電位が変化すると， ❺ 性イオンチャネルが開き，Na^+ がさらに流入して，活動電位が発生する。

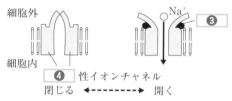

細胞外

細胞内

Na⁺

❸

❹ 性イオンチャネル

閉じる ◀--------▶ 開く

A☐ 次の文章の空欄❻〜❽に適語を入れよ。

　　内分泌系による情報伝達物質では情報物質として内分泌腺から ❻ が分泌される。❻は❶細胞の細胞膜，あるいは細胞内に存在する❷に結合する。インスリンやグルカゴンなどのアミノ酸がつながってできている ❼ は，❷が細胞膜に存在する。糖質コルチコイドや鉱質コルチコイドなど脂質に溶けやすい性質をもつ ❽ は，❷が細胞内に存在する。

A☐❾　インスリンが❶細胞の❷に結合すると，細胞内でcAMP（サイクリックAMP）とよばれる別の情報物質が合成され，この情報物質によって細胞内へ情報が伝えられる。このような情報物質は一般に何とよばれるか。

出るポイント

- 神経伝達物質の受容体となるチャネルを**伝達物質依存性イオンチャネル**という。
- 神経伝達物質がチャネルに結合すると、伝達物質依存性チャネルが開いてイオンが細胞内に流入する。
- 膜電位が変化すると、**電位依存性イオンチャネル**が開く。
- ペプチドホルモンの受容体は**細胞膜に**、ステロイドホルモンの受容体は**細胞内に**存在する。
- ペプチドホルモンが受容体に結合すると、**細胞内で**セカンドメッセンジャーが合成され、細胞外からの情報がこれによって間接的に細胞内に伝えられる。

解　説：細胞間の情報伝達

神経系

神経伝達物質は標的細胞のすぐ近くに分泌されるよ

内分泌系

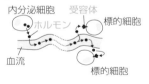

ホルモンは標的細胞と離れた場所で分泌され、血流によって運ばれるよ

解　答

❶ 標的　❷ 受容体　❸ 神経伝達物質　❹ 伝達物質依存

❺ 電位依存　❻ ホルモン　❼ ペプチドホルモン

❽ ステロイドホルモン　❾ セカンドメッセンジャー

細胞接着とタンパク質

B☑❶ 多細胞生物の多くの細胞は別の細胞あるいは細胞外の構造と接着している。このような結合を何というか。

B☑ 次の文章の空欄❷〜❹に適語を入れよ。

細胞どうしの結合には，細胞膜を貫く ❷ とよばれるタンパク質が関わっている。❷には多くの種類があり，**同じ種類の❷どうしが結合する**。同じ種類の細胞は同じ種類の❷をもつので，種類の異なる細胞を混ぜて培養すると，**同じ種類の細胞どうしが接着し**，異なる種類とは接着しない。これを ❸ という。

❷が正しい立体構造を維持するには ❹ イオンが必要である。そのため，❹イオンがないと，細胞の接着がゆるみ，細胞が解離しやすくなる。

C☑❺ 細胞どうしが膜を貫いているタンパク質によって小さな分子も通れないほど密着している結合を何というか。

C☑ 次の文章の空欄❻に適語を入れよ。

❷やインテグリンとよばれるタンパク質が関与する細胞どうしや細胞外の構造との結合では，これらのタンパク質は細胞膜の内側で細胞骨格に固定されている。このような結合を ❻ 結合といい，接着結合，デスモソーム，ヘミデスモソームがある。

C☑❼ 隣接した２つの細胞が**細胞膜を貫く中空の**タンパク質によってつながっており，ここを低分子の物質やイオンなどが移動する。このような結合を何というか。

第1節

第2節

第3節

第4節

第5節

第6節

出るポイント

- 細胞どうしの結合には，細胞膜を貫くカドヘリンとよばれるタンパク質が関与する。
- カドヘリンはカルシウムイオン Ca^{2+} の存在下で働く。
- カドヘリンは**同じ種類のものどうしが結合する**ので，同じ種類の細胞どうしが結合する。
- 種類の異なる細胞を混ぜて培養すると，**同じ種類のものが接着し，異なる種類の細胞とは接着しない**（細胞選別）。
- 細胞選別はカドヘリンの働きによる。
- 細胞接着には密着結合，固定結合，ギャップ結合がある。

解 説：カドヘリンによる細胞どうしの結合

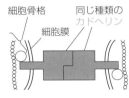

細胞骨格　同じ種類の
　　　　　カドヘリン
細胞膜

細胞接着が起こる

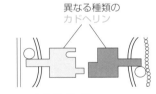

異なる種類の
カドヘリン

細胞接着が起こらない

解 答

❶ 細胞接着　❷ カドヘリン　❸ 細胞選別　❹ カルシウム
❺ 密着結合　❻ 固定　❼ ギャップ結合

A☐ 次の文章の空欄❶〜❺に適語を入れよ。

呼吸は，酸素 O_2 が存在する条件下で，グルコースなどの有機物が二酸化炭素 CO_2 と水 H_2O にまで分解される過程で **ATP が合成される反応**である。呼吸の過程は ❶ ， ❷ ，❸ に分けられ，❶は ❹ で，❷はミトコンドリアの ❺ で，❸はミトコンドリアの内膜で行われる。

A☐ 次の文章の❻の｜ ｜内から正しいものを選び，空欄❼〜⓫に適語や数値を入れよ。

❶の反応過程では，O_2 を❻｜a 用いて　b 用いずに｜1分子のグルコースが2分子の ❼ に分解される。この過程では2分子の ATP が使われ ❽ 分子の ATP が生成されるので，差し引き ❾ 分子の ATP が生成される。また，⓾ 酵素の働きによって**基質から水素 H がはずされ**，H^+ と電子 e^- が⓾酵素の補酵素である ⓫ に渡され NADH となる。

A☐ 次の文章の空欄⓬〜⓯に適語や数値を入れ，⓰の｜ ｜内から正しいものを選べ。

❷の反応過程では，❶で生じた❼がミトコンドリアの❺で⓾酵素および ⓬ 酵素により，まず C_2 化合物である ⓭ となる。これがオキサロ酢酸と結合してクエン酸となる。**クエン酸は**⓾酵素，⓬酵素の働きにより，**段階的に分解され**，H^+ と e^- および ⓮ を生じる。H^+ と e^- は⓫や FAD に渡され NADH，$FADH_2$ となる。この過程でグルコース1分子につき ⓯ 分子の ATP が生じる。またこの過程は⓰｜a O_2 がない条件でも反応が起こる　b O_2 がない条件では反応が起こらない｜。

第1節

第2節

第3節

第4節

第5節

第6節

出るポイント

- 呼吸は，解糖系，クエン酸回路，電子伝達系の３つの
  過程に分けられる。
- 解糖系では，**グルコースがピルビン酸に分解され**，
  NADH が生じる。
- クエン酸回路では，**ピルビン酸がCO_2とH_2Oにまで**
  分解され，**多くの NADH，$FADH_2$が生じる。**

解　説：解糖系とクエン酸回路

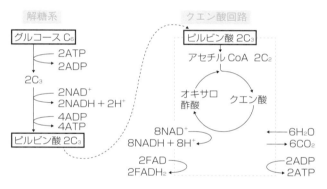

解糖系

グルコース C_6
→ 2ATP
← 2ADP
$2C_3$
→ 2NAD⁺
← 2NADH + 2H⁺
→ 4ADP
← 4ATP
ピルビン酸 $2C_3$

クエン酸回路

ピルビン酸 $2C_3$
アセチル CoA $2C_2$
オキサロ酢酸　クエン酸
$8NAD^+$
$8NADH + 8H^+$
$2FAD$
$2FADH_2$
← $6H_2O$
→ $6CO_2$
← 2ADP
→ 2ATP

解糖系・クエン酸回路での ATP
合成は，電子伝達系での ATP 合
成とはしくみが違うんだ

クエン酸回路は直接酸素を
消費しないけど，酸素がな
い条件では進行しないんだ

解　答

❶ 解糖系　❷ クエン酸回路　❸ 電子伝達系　❹ 細胞質基質
❺ マトリックス　❻ b　❼ ピルビン酸　❽ 4　❾ 2
❿ 脱水素　⓫ NAD⁺　⓬ 脱炭酸　⓭ アセチル CoA（活性
酢酸）　⓮ CO_2　⓯ 2　⓰ b

呼吸のしくみ②〜電子伝達系

A☐ 次の文章の空欄**❶**〜**❹**に適語を入れよ。

解糖系とクエン酸回路で生じた NADH や $FADH_2$ は
ミトコンドリアの **❶** で水素イオン H^+ と電子 e^- に分
けられる。e^- は下図に示すように，**❷** 系の**タンパ
ク質**に次々と渡されていき，最後には H^+ と **❸** と結
合して **❹** を生じる。

A☐ 次の文章の空欄**❺**〜**❾**に適語を入れよ。

❷系のタンパク質を e^- が渡されていく際に，e^- の移
動に伴って H^+ がミトコンドリアの **❺** 側から **❻**
側へ運ばれる。その結果，**内膜をはさんで H^+ の濃度勾
配が形成される**。これにより，H^+ は濃度勾配に従って
❼ 酵素を通って**❺**側へ戻る。このとき**❼**酵素は
❽ から **❾** を合成する。

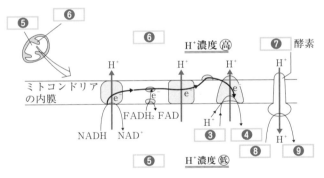

A☐ ❿ **❷**系では，グルコース1分子あたり ATP は最大で何
分子つくられるか。

A☐ ⓫ **❷**系での ATP 合成は NADH や $FADH_2$ を酸化する
ことで行われる。このような ATP 合成を何というか。

第1節

第2節

第3節

第4節

第5節

第6節

出るポイント

- 解糖系とクエン酸回路で生じた NADH，FADH$_2$はミトコンドリアの内膜に運ばれ，H$^+$と e$^-$に分かれる。
- e$^-$は電子伝達系のタンパク質の間を受け渡されていく。このとき，**H$^+$がマトリックス側から膜間腔側へ運ばれる。**
- H$^+$は濃度勾配に従って，膜間腔側からマトリックス側へ ATP 合成酵素を通って移動する。**このとき ATP が合成される。**
- e$^-$は最終的には H$^+$とともに O$_2$と結合して水になる。

解 説：呼吸の反応のまとめ

	反　　　応	合成される ATP	場　所
解糖系	$C_6H_{12}O_6 \longrightarrow 2C_3H_4O_3$ グルコース　　　　　ピルビン酸 $2NAD^+ \qquad 2NADH + 2H^+$	2	細胞質基質
クエン酸回路	$\qquad 2FAD \quad 2FADH_2$ $2C_3H_4O_3+6H_2O \longrightarrow 6CO_2$ $8NAD^+ \quad 8NADH + 8H^+$	2	ミトコンドリアのマトリックス
電子伝達系	$2FADH_2 \quad 2FAD$ $6O_2 \longrightarrow 12H_2O$ $10NADH + 10H^+ \quad 10NAD^+$	最大 34	ミトコンドリアの内膜

解　答

❶ 内膜　❷ 電子伝達　❸ O$_2$〔酸素〕　❹ H$_2$O〔水〕
❺ マトリックス　❻ 膜間腔　❼ ATP 合成　❽ ADP
❾ ATP　❿ 34分子　⓫ 酸化的リン酸化

脱水素酵素の実験

A☐ 脱水素酵素の実験に関する次の文章の空欄❶～❹に適語
を入れよ。

目的：脱水素酵素によって基質から水素が取り出される反
応を，指示薬である ❶ の色の変化で確かめる。

方法：1．下表に示すように， ❷ 管A～Dの主室には
ニワトリの胸筋をすりつぶした液（またはそれを煮
沸した液または水）を，副室にはコハク酸ナトリウ
ム（または水）と❶（指示薬）を加える。

➡ニワトリの胸筋には脱水素酵素が含まれている。
また，この酵素の ❸ としてコハク酸（コハ
ク酸ナトリウム）を加えた。

副室
排気口
主室

❷ 管

	❷ 管	A	B	C	D
主室	ニワトリ胸筋液	○	○		
	煮沸したニワトリ胸筋液			○	
	水				○
副室	コハク酸ナトリウム	○		○	○
	水		○		
	❶（指示薬）	○	○	○	○

○印：加えた　　無印：加えていない

2．アスピレーターで❷管内の空気を排気する。
3．副室を回して密閉し，副室の液を主室に流し込む。
4．約40℃の温水に浸し，液の色の変化を観察する。

結果：　　A　　　　B　　　　C　　　　D
　　脱色した　脱色した　 ❹ 　脱色しない

A☐❺　方法2で，管内の空気を排気するのはなぜか。

A☐❻　結果で，Bでは❸であるコハク酸が含まれていない
が，反応が起こっているのはなぜか。

出るポイント

- 脱水素反応が起こったことを，メチレンブルーの色の変化で確認する。
- ニワトリの胸筋には脱水素酵素が含まれており，その基質としてコハク酸を加える。
- 管内を排気するのは，還元されたメチレンブルー（MbH₂）が空気中の酸素 O₂ によって酸化されないように（もとに戻らないように）するためである。

解　説：脱水素酵素による反応

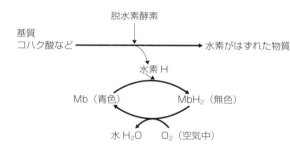

脱水素酵素

基質
コハク酸など ——————————→ 水素がはずれた物質

水素 H

Mb（青色）　　　MbH₂（無色）

水 H₂O　　　O₂（空気中）

 C は煮沸により酵素が失活しているし，D は酵素が入っていないから反応は起こらないよね

ニワトリの胸筋にはクエン酸回路中の物質など脱水素酵素の基質となる物質が入っているよね

 だから，コハク酸を加えていない B でも反応が起こったんだね

解　答

❶ メチレンブルー〔Mb〕　❷ ツンベルク　❸ 基質　❹ 脱色しない　❺ 空気中の酸素によって MbH₂ が酸化されるのを防ぐため。　❻ ニワトリの胸筋をすりつぶした液には，脱水素酵素の基質となる物質が含まれているから。

テーマ 46 | 発 酵

A☐ **①** 微生物が**酸素 O_2 を用いずに有機物を分解して ATP を合成する反応**を何というか。

A☐ 次の文章の空欄**②**に適語を入れ，**③・④**の｜ ｜内から正しいものを選べ。

①の過程では，まずグルコースがピルビン酸に分解される ┃ **②** ┃ とよばれる反応が起こる。これは**呼吸と共通する反応**である。**①**では電子伝達系が働かないため，生成される ATP は呼吸に比べて**③**｜a 多い　b 少ない｜。**②**で生じる NADH はピルビン酸などによって**④**｜a 酸化　b 還元｜されて NAD^+ に戻る。**この NAD^+ が再利用されるので②の反応が継続的に働く。**

A☐ **⑤** 酵母が行う**①**を何というか。また，その反応式を書け。

A☐ **⑥** **⑤**ではグルコース 1 分子から何分子の ATP が生じるか。

A☐ **⑦** 乳酸菌が行う**①**を何というか。また，その反応式を書け。

A☐ **⑧** **⑦**ではグルコース 1 分子から何分子の ATP が生じるか。

A☐ **⑨** 動物の筋肉などで，O_2 のない条件下でグリコーゲンを分解して ATP を生成する反応を何というか。

A☐ **⑩** **⑨**は微生物が行う何という反応と同じか。

B☐ 次の文章の空欄**⑪**〜**⑯**に適語を入れよ。

酵母をグルコース溶液中で O_2 のない条件で培養すると，二酸化炭素 CO_2 とともに ┃ **⑪** ┃ が生成される。この酵母に十分な量の O_2 を与えると，細胞小器官の ┃ **⑫** ┃ が発達し，**⑪**の生成量が減少する。このことから，酵母は O_2 がないときは ┃ **⑬** ┃ のみを行うが，O_2 があるときには**⑬**が抑制されて主に ┃ **⑭** ┃ を行うようになる。この現象は ┃ **⑮** ┃ 効果とよばれる。**⑬**では多量の ┃ **⑯** ┃ を消費して ATP を合成しているが，**⑭**では同量の ATP を得るのに消費する**⑯**の量は**⑬**よりもはるかに少ない。したがって，酵母は O_2 があるときには**⑬**を抑制することで**⑯**の**無駄な消費を避けている**と考えられる。

出るポイント

- 微生物が**酸素 O_2 を用いずに有機物を分解して ATP を合成する反応**を発酵という。
- 動物の筋肉などで O_2 を用いずにグリコーゲンを分解して ATP を合成する反応を解糖という。
- 発酵の過程では，まず，**呼吸と共通の解糖系**が行われる。
- 発酵における ATP 合成は解糖系のみで行われるので，グルコース 1 分子から **ATP は 2 分子しか合成されない**。
- 酵母は O_2 がない条件ではアルコール発酵のみを行うが，O_2 がある条件では主に呼吸を行う。

解 説：発酵のしくみ

アルコール発酵

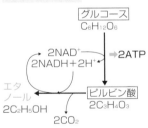

乳酸発酵・解糖

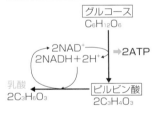

解 答

❶ 発酵　❷ 解糖系　❸ b　❹ a　❺ アルコール発酵，$C_6H_{12}O_6 \rightarrow 2C_2H_5OH + 2CO_2$　❻ 2分子　❼ 乳酸発酵，$C_6H_{12}O_6 \rightarrow 2C_3H_6O_3$　❽ 2分子　❾ 解糖　❿ 乳酸発酵　⓫ エタノール　⓬ ミトコンドリア　⓭ アルコール発酵　⓮ 呼吸　⓯ パスツール　⓰ グルコース

呼 吸 商

A☐ **❶** 呼吸商とは何か，簡潔に説明せよ。

A☐ **❷** 呼吸基質が(i)炭水化物，(ii)脂肪，(iii)タンパク質の場合の呼吸商の値はそれぞれ，約いくらか。

A☐ **❸** 呼吸商を計測することにより何を推定できるか。

A☐ 次の実験について，下の問いに答えよ。

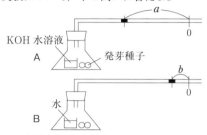

実験1 上図の装置を用意し，フラスコA，Bにコムギの種子を同量ずつ入れ，Aには水酸化カリウムKOH水溶液，Bには水を入れた。一定時間後，それぞれの着色液の移動量 a，b を測定した。

実験2 トウゴマの種子でも同様の実験を行った。

結果

	a	b
コムギ	982	20
トウゴマ	1124	326

単位（mm³）

A☐ **❹** フラスコ内に入れたKOH水溶液の役割を簡潔に説明せよ。

A☐ **❺** 着色液の移動量 a，b はそれぞれ何を表すか。

A☐ **❻** (i)コムギ，(ii)トウゴマそれぞれの呼吸商を求め（小数第2位まで），また，それぞれの種子が呼吸基質として主に何を利用しているかを答えよ。

出るポイント

- 呼吸によって放出する二酸化炭素 CO_2 と吸収する酸素 O_2 の体積比 $\left(\dfrac{CO_2}{O_2}\right)$ を呼吸商という。
- 呼吸商の値は呼吸基質によって異なり，炭水化物では約1.0，脂肪では約0.7，タンパク質では約0.8である。
- 呼吸商を求めることにより，**呼吸基質として何が使われたかを推定することができる。**

解　説：呼吸商を求める実験

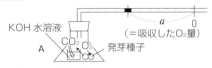

KOH は CO_2 を吸収するので，フラスコ A では種子が吸収した O_2 量の分だけ着色液が移動する。（＝ a の値）

フラスコ B における着色液の移動量 b は，

a（吸収した O_2 量）−（放出した CO_2 量）を意味するので，放出した CO_2 量 = $a - b$ となる。したがって，

コムギの呼吸商 $= \dfrac{982 - 20}{982} = 0.979\cdots \fallingdotseq 0.98$

トウゴマの呼吸商 $= \dfrac{1124 - 326}{1124} = 0.709\cdots \fallingdotseq 0.71$ である。

解　答

❶　呼吸によって放出する CO_2 と吸収する O_2 の体積比
❷(i)　1.0　(ii)　0.7　(iii)　0.8　❸　呼吸基質として何が使われたか　❹　CO_2 を吸収する　❺　a —種子が呼吸で吸収した O_2 の体積　b —種子が呼吸で吸収した O_2 の体積と放出した CO_2 の体積の差　❻(i)　0.98，炭水化物　(ii)　0.71，脂肪

A☐ 次の文章の空欄**❶**～**❿**に適語を入れよ。

　　葉緑体の内部は扁平な袋状の構造である　**❶**　が多数積み重なった構造がみられ、この膜には　**❷**　が存在し、**光エネルギーが吸収される**。**❶**の間を満たしている液状の部分である　**❸**　では、二酸化炭素から有機物を合成する反応が行われる。植物の**❷**には、青緑色のクロロフィルａの他に、黄緑色の　**❹**　、橙色の　**❺**　、黄色のキサントフィルなどがある。吸収する光の波長は色素ごとに異なり、各色素において、**どの波長の光をどの程度吸収するのかを示したグラフ**を　**❻**　という。一方、いろいろな波長の光を植物に当てて光合成速度を測定し、**どの波長の光でどの程度光合成が行われているのかを示したグラフ**を　**❼**　という。

　　植物の光合成では主に　**❽**　光や　**❾**　光を利用し、**❿**　光は吸収せずに反射・透過する。

A☐ 緑葉に含まれる色素を分離する実験に関する次の文章の**⓫**～**⓭**の｜　　｜内から正しいものを選び、空欄**⓮**・**⓯**に適する語句を入れよ。

1. 緑葉に色素抽出液を加えてすりつぶし、抽出した色素液をガラス毛細管で薄層プレートの原点に**⓫**｜a　1回だけ　b　何回か繰り返し｜つける。このとき、スポットが**⓬**｜a　大きくなるように　b　できるだけ小さくなるように｜濃くつける。

2. 薄層プレートの原点側を展開液に浸す。このとき、展開液が**⓭**｜a　原点に浸るように　b　原点に浸らないように｜し、管をゴム栓で密封する。

3. 展開液が薄層プレートの上端付近まで達したら、管から薄層プレートを取り出し、展開液の上端（溶媒前線）と各色素の輪郭を鉛筆で印をつける。

4. 各色素の Rf 値を求める。Rf 値 ＝ $\dfrac{\boxed{⓮}}{\boxed{⓯}}$

出るポイント

- 葉緑体の**チラコイド**に**光エネルギーを吸収する光合成色素**が存在する。
- 陸上植物の光合成色素には**カロテン**（橙色），**キサントフィル**（黄色），**クロロフィルa**（青緑色），**クロロフィルb**（黄緑色）がある。
- 植物が光合成に利用する光は主に**赤色光**と**青紫色光**である。
- 緑葉に含まれる光合成色素は，薄層クロマトグラフィー（またはペーパークロマトグラフィー）によって分離することができる。

解　説：薄層クロマトグラフィーによる色素の分離

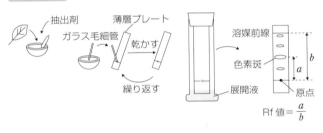

抽出剤　薄層プレート
ガラス毛細管
乾かす
繰り返す
溶媒前線
色素斑
展開液
原点

$$Rf 値 = \frac{a}{b}$$

見た目には緑色に見える葉の中に，緑色だけじゃなくて，黄色や橙色の色素も入っていることが，この実験でわかるよね

解　答

❶ チラコイド　❷ 光合成色素　❸ ストロマ　❹ クロロフィルb　❺ カロテン　❻ 吸収スペクトル　❼ 作用スペクトル　❽・❾ 赤色・青紫色　❿ 緑色　⓫ b　⓬ b　⓭ b　⓮ 原点から色素の中央までの距離　⓯ 原点から溶媒前線までの距離

光合成の過程①〜チラコイドで起こる反応

A☐　次の文章の空欄**①**〜**⑤**に適語を入れよ。

　　光合成の過程は葉緑体のチラコイドで起こる反応とストロマで起こる反応の大きく2つに分けられる。

　　チラコイド膜には　**①**　，　**②**　とよばれる2種類の反応系がある。これらの反応系は多数の光合成色素がタンパク質と一緒になって色素タンパク質複合体を形成している。光合成色素によって吸収された光エネルギーは，それぞれの反応系で中心的な役割をする　**③**　に渡される。**③**を反応中心のクロロフィルという。エネルギーを受け取った反応中心のクロロフィルは活性化されて　**④**　を放出する。この反応は　**⑤**　とよばれる。

A☐　次の文章の空欄**⑥**〜**⑩**に適語を入れよ。

　　②から放出された**④**は　**⑥**　とよばれる反応系を移動していき，**①**に渡される。また，**④**を失った**②**の反応中心のクロロフィルは　**⑦**　の分解によって生じた**④**を受け取ってもとの状態に戻る。この**⑦**の分解に伴って　**⑧**　が発生する。

　　一方，**①**から放出された**④**はH⁺と　**⑨**　と反応して　**⑩**　を生じる。**⑩**はストロマで起こる反応に利用される。**④**を失った**①**の反応中心のクロロフィルは，**②**から**⑥**を経て移動してきた**④**を受け取ってもとに戻る。

A☐　次の文章の**⑪**の｜　｜内から正しいものを選び，空欄**⑫**・**⑬**に適語を入れよ。

　　②から放出された**④**が**⑥**を移動していく過程でH⁺が**⑪**｜a　ストロマ側からチラコイド内　b　チラコイド内からストロマ側｜に運ばれる。これにより，**チラコイド膜をはさんでH⁺の濃度勾配が形成される**。この結果，H⁺は濃度勾配に従ってチラコイド膜に存在する　**⑫**　を通ってストロマ側へ移動することでATPが合成される。このATP合成の反応は光エネルギーに依存していることから　**⑬**　とよばれる。

第 1 節

第 2 節

第 3 節

第 4 節

第 5 節

第 6 節

出るポイント

- チラコイドで起こる反応は，光化学系Ⅱ→電子伝達系→光化学系Ⅰの順に進行する。
- 光化学系Ⅰ・Ⅱともに，光合成色素が吸収した光エネルギーは反応中心のクロロフィルに渡される。
- 光化学系Ⅱでは，**水の分解**により，電子 e^- を受け取る。このとき**酸素 O_2 が発生**する。
- 光化学系Ⅰでは放出された e^- が $NADP^+$ に渡され，**$NADPH$ が生じる**。
- e^- が電子伝達系を移動していく過程で H^+ がチラコイド内に運ばれる。この結果，H^+ の濃度勾配が形成される。
- H^+ が濃度勾配に従って **ATP 合成酵素を通過**することで ATP が合成される（光リン酸化）。

解 説：チラコイドで起こる反応

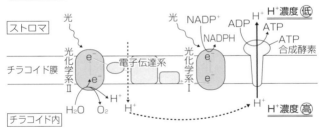

解 答

❶ 光化学系Ⅰ ❷ 光化学系Ⅱ ❸ クロロフィル ❹ 電子〔e^-〕 ❺ 光化学反応 ❻ 電子伝達系 ❼ 水 ❽ 酸素〔O_2〕 ❾ $NADP^+$ ❿ $NADPH$ ⓫ a ⓬ ATP 合成酵素 ⓭ 光リン酸化

光合成の過程②〜ストロマで起こる反応

A☑ 次の文章の空欄❶〜❻に適語を入れよ。

　　ストロマでは，チラコイドでの反応でつくられた ❶ ， ❷ を用いて二酸化炭素 CO_2 から有機物が合成される。この反応は回路反応であり， ❸ 回路とよばれる。❸回路の過程において，CO_2 が取り込まれると，C_5 化合物である ❹ と結合して C_3 化合物である ❺ が生じる。この反応は ❻ とよばれる酵素の働きによって起こる。❺は❶のエネルギーと❷の還元作用により C_3 化合物であるグリセルアルデヒドリン酸（GAP）になる。この GAP の一部が有機物の合成に使われ，残りは❶のエネルギーによって再び❹に戻る。

A☑❼ 図1は十分な光強度，CO_2 濃度の条件下で光合成を行わせたのち，急に光照射のみを停止したとき，❸回路中の物質である❹（C_5 化合物）と❺（C_3 化合物）の量の変化を示したものである。図中の物質A，Bはそれぞれ❹，❺のどちらか。

A☑❽ 十分な光強度，CO_2 濃度の条件下で光合成を行わせたのち，急に CO_2 の供給のみを停止したとき，図1に示した物質A，Bはそれぞれどのように変化するか。図2の a，b および c，d からそれぞれ選べ。

図1

図2

B☑ 次の文章の空欄❾〜⓬に適語を入れよ。

　　光合成でつくられた有機物はデンプンとなって**葉緑体中に一時的に貯蔵される**。このデンプンを ❾ デンプンという。❾デンプンは分解されて ❿ となり，師管を通って他の組織に運ばれる。この輸送は ⓫ とよばれる。**根や種子などに運ばれる**と再びデンプンとなって**貯蔵される**。このデンプンを ⓬ デンプンという。

第1節

第2節

第3節

第4節

第5節

第6節

出るポイント

- カルビン回路に CO_2 が取り込まれると，RuBP（リブロースビスリン酸）と結合し，PGA（ホスホグリセリン酸）が生じる。
- CO_2 と RuBP の反応には酵素ルビスコが働く。
- PGA は ATP，NADPH により GAP（グリセルアルデヒドリン酸）になる。
- GAP の一部が有機物の合成に使われ，残りが ATP により再び RuBP に戻る。

解 説：ストロマで起こる反応

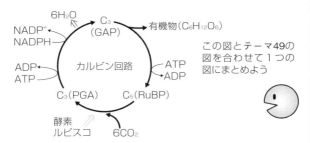

この図とテーマ49の図を合わせて1つの図にまとめよう

❼について……光照射を停止すると，PGA から RuBP が生じる反応が停止するが，CO_2 はあるので RuBP から PGA が生じる反応は進行する。その結果，RuBP（C_5 化合物）は減少し，PGA（C_3 化合物）は増加する。

❽について……CO_2 の供給を停止すると，RuBP から PGA が生じる反応が停止するが，光はあるので PGA から RuBP が生じる反応は進行する。その結果，PGA（A）は減少し，RuBP（B）は増加する。

解 答

❶ ATP ❷ NADPH ❸ カルビン ❹ RuBP ❺ PGA
❻ ルビスコ ❼ A ⑤ B ④ ❽ A b B c
❾ 同化 ❿ スクロース ⓫ 転流 ⓬ 貯蔵

テーマ 51 C₄植物, CAM 植物

A☑ ❶ C₄植物の例を2つ答えよ。

A☑ ❷ C₄植物の葉では維管束を取り巻く細胞が発達している。この細胞の名称を答えよ。

B☑ 次の文章の空欄❸〜❺に適語や数値を入れ, ❻・❼の｜ ｜内から正しいものを選べ。

　C₄植物は, 葉肉細胞と❷で光合成を行う。取り込んだ**CO_2は葉肉細胞内でホスホエノールピルビン酸（PEP）に結合して**, 炭素数が ❸ のオキサロ酢酸を生じる。CO_2と PEP の結合は ❹ という酵素の働きによる。オキサロ酢酸は別の物質に変化して❷へ送られ, そこで分解され, 放出したCO_2は❷の ❺ 回路に渡される。

　酵素❹は, ❺回路においてCO_2の取り込みに働くルビスコに比べて, **低いCO_2濃度でも極めて高い活性を示す**ので, **CO_2濃度が低くてもCO_2が PEP と結合する反応は進行する**。これにより, ❺回路へは❻｜a 高濃度 b 低濃度｜のCO_2が渡される形となる。したがって, 高温・乾燥で気孔を❼｜a 開く b 閉じる｜ような条件下でも光合成の効率は低下せず, **C₄植物は高温や乾燥した地域での生育に適している**といえる。

A☑ ❽ 右図のa, bのうち, C₄植物のグラフはどちらか。

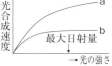

A☑ ❾ CAM 植物の例を答えよ。

A☑ 次の文章の空欄⓫に適語を入れ, ❿, ⓬〜⓮の｜ ｜内から正しいものを選べ。

　CAM 植物は❿｜a 昼間 b 夜間｜に気孔を開いてCO_2を取り込み, 葉肉細胞で C₄化合物として ⓫ 中に蓄積しておき, ⓬｜a 昼間 b 夜間｜には気孔を閉じて, 蓄積した C₄化合物からCO_2を取り出し光合成を行う。つまり, CAM 植物ではCO_2の固定と❺回路が⓭｜a 同じ b 異なる｜細胞内で, ⓮｜a 同じ b 異なる｜時間帯で行われていることになる。

第1節

第2節

第3節

第4節

第5節

第6節

出るポイント

- C₄植物では葉肉細胞で CO_2 の固定を行い，維管束鞘細胞でカルビン回路の反応を行う。
- 葉肉細胞で CO_2 を効率よく固定し，**濃縮した CO_2** をカルビン回路に渡す。
- C₄植物は，CO_2 濃度が光合成の限定要因にならないので，**光飽和しない**。
- 乾燥した地域では，昼間に気孔を開くと体内の水分が失われてしまう。CAM植物は**夜間に気孔を開いて CO_2 を取り込み，昼間は気孔を閉じてカルビン回路の反応を行って有機物を合成する**。これにより，乾燥した地域でも生育できる。

解 説：C₄植物の反応経路

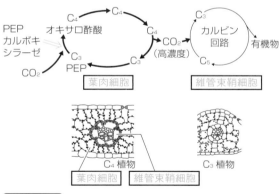

解 答

❶ トウモロコシ・サトウキビ など　❷ 維管束鞘細胞　❸ 4
❹ PEP カルボキシラーゼ　❺ カルビン　❻ a　❼ b
❽ a　❾ サボテン，ベンケイソウ，パイナップル など
❿ b　⓫ 液胞　⓬ a　⓭ a　⓮ b

52 | 細菌の光合成，化学合成

A☐ 次の文章の空欄❶〜❽に適語を入れよ。

光合成を行う細菌として，❶ や ❷ があげられる。これらは光合成色素として ❸ をもつ。また，光化学系に電子 e^- を与える物質として水 H_2O ではなく ❹ を用いるので，❺ は発生せず，❻ が生成する。

原核生物の中でも，❼ は光合成色素として植物と同じ ❽ をもつ。また，光化学系ⅠとⅡを使い，水を分解して❺が発生するなど，植物とよく似た光合成を行う。

A☐ 次の文章の空欄❾〜⓮に適語を入れよ。

細菌の中には，光エネルギーの代わりに無機物を ❾ したときに放出される ❿ エネルギーを用いて炭酸同化を行い，有機物を合成しているものがいる。このような反応を ⓫ といい，⓫を行う細菌には ⓬ ，⓭ ，⓮ などがある。これらの細菌は以下のような反応で❿エネルギーを得る。

⓬：$2NH_4^+ + 3O_2 \longrightarrow 2NO_2^- + 2H_2O + 4H^+ + ❿エネルギー$

⓭：$2NO_2^- + O_2 \longrightarrow 2NO_3^- + ❿エネルギー$

⓮：$2H_2S + O_2 \longrightarrow 2H_2O + 2S + ❿エネルギー$

$\quad 2S + 3O_2 + 2H_2O \longrightarrow 2H_2SO_4 + ❿エネルギー$

光合成の進化は，

$$光合成細菌 \xrightarrow{\text{進化}} 植物$$

材料：❹ ｜ H_2O

だよね

❹ は地球上の限られた地域（温泉付近など）にしかないけど，水はどこでもたくさんあるから，どこでも生育できるようになったんだよね

出るポイント

- 光合成細菌（緑色硫黄細菌）の光合成は
  $$6CO_2 + 12H_2S \longrightarrow C_6H_{12}O_6 + 6H_2O + 12S$$
- 光合成細菌は水ではなく硫化水素 H_2S を用いるので，**酸素 O_2は発生せず硫黄 S が生じる。**
- 化学合成では，無機物を酸化したときに生じる化学エネルギーを用いて，CO_2から有機物を生じる。
- 化学合成細菌は光に依存せずに炭酸同化ができるので，光の届かない深海底に生息しているものもある。

解 説：炭酸同化の比較

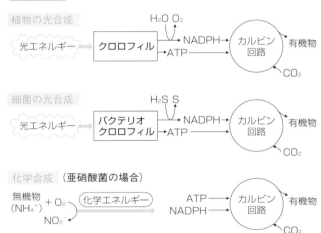

植物の光合成

細菌の光合成

化学合成（亜硝酸菌の場合）

解 答

❶・❷ 紅色硫黄細菌・緑色硫黄細菌　❸ バクテリオクロロフィル　❹ 硫化水素〔H_2S〕　❺ 酸素〔O_2〕　❻ 硫黄〔S〕　❼ シアノバクテリア　❽ クロロフィル a　❾ 酸化　❿ 化学　⓫ 化学合成　⓬ 亜硝酸菌　⓭ 硝酸菌　⓮ 硫黄細菌

テーマ 53 | DNA の構造

A☐ ❶ DNA はリン酸，糖，塩基が結合したものが構成単位となっている。この単位を何というか。

A☐ ❷ DNA と RNA では，構成単位の糖の種類が異なっている。(i) DNA，(ii) RNA の糖の名称をそれぞれ答えよ。

A☐ ❸ DNA と RNA では塩基の種類が 1 つだけ異なっている。その異なっている塩基の名称をそれぞれ答えよ。

A☐ 次の文章の❹～❻の｜ ｜内から正しいものを選べ。

DNA の糖は炭素原子 C が 5 個含まれており，1′ ～ 5′ の番号がつけられている。❶どうしは糖とリン酸の部分で結合しているが，一方の❶の❹｜a 3′ b 5′｜の C と，他方の❶の❺｜a 3′ b 5′｜の C につながったリン酸との間で結合する。

❶がつながっていくとき，❶鎖は必ず❻｜a 3′ → 5′ b 5′ → 3′｜の方向へ伸長していく。

A☐ 次の文章の空欄❼・❽には適語を入れ，❾の｜ ｜内から正しいものを選べ。

DNA は二本の❶鎖が塩基どうしで ❼ 結合して，❽ 構造をとっている。二本の❶鎖の方向は❾｜a 同じ向き b 逆向き｜になっている。

B☐ 次の文章の空欄❿・⓫に適する数値を入れよ。

塩基どうしの❼結合の数は AT 間と GC 間で異なっており，AT 間は ❿ か所，GC 間は ⓫ か所である。

A☐ 次の文章の空欄⓬～⓮に適語を入れよ。

DNA の複製は，まず二本鎖 DNA の塩基どうしの❼結合が切れて一本鎖にほどける。ほどけた一本鎖のそれぞれを ⓬ として，**相補的な塩基をもつ❶**が結合していく。そして，⓭ という酵素の働きにより，❶どうしが結合していく。これにより，**もとと同じ塩基配列で，もとの鎖と新しい鎖からなる二本鎖 DNA が 2 組つくられる**。このような複製を ⓮ という。

出るポイント

- DNA のヌクレオチド鎖には**方向性があり**，リン酸側は 5′末端，糖側は 3′末端とよばれる。
- DNA は二本のヌクレオチド鎖が互いに逆向きに向かい合っている。
- ヌクレオチドがつながっていくとき，ヌクレオチド鎖は必ず 5′ → 3′ の方向へ伸長していく。
- DNA の複製では，もとの鎖と新しい鎖からなる二本鎖 DNA が 2 組つくられる。これを半保存的複製という。

解　説：DNA の構造と方向性

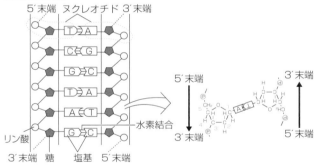

 ヌクレオチド鎖の伸長は
必ず 5′ → 3′ だよ

このことは必ず
覚えておこう

解　答

❶ ヌクレオチド　❷ (i) デオキシリボース　(ii) リボース
❸ DNA-チミン（T）RNA-ウラシル（U）　❹ a　❺ b
❻ b　❼ 水素　❽ 二重らせん　❾ b　❿ 2　⓫ 3
⓬ 鋳型　⓭ DNA ポリメラーゼ　⓮ 半保存的複製

テーマ 54 | DNA の複製

B☑❶ DNA の複製が半保存的であることを証明した 2 人の学者名を答えよ。

A☑ 次の文章の空欄❷・❸に適語を入れよ。

DNA の複製時に働く ❷ は，ある程度の長さをもつヌクレオチド鎖にのみ作用し，鎖を伸長させる。このため，DNA の複製では，まず，**鋳型の塩基配列に相補的な配列をもつ短い RNA が合成される**。これを ❸ という。これが**複製の開始点**となり，❸につなげて❷が新しい鎖を伸長していく。

A☑ 次の文章の空欄❹～❽に適語を入れよ。

複製開始点で DNA の二本鎖が開裂する。開裂には ❹ という酵素が働く。開裂した部分で新たに合成されるヌクレオチド鎖は，一方は**開裂が進む方向と同じ向きに連続的に合成され**，他方はそれと**逆方向に不連続に合成される**。前者を ❺ 鎖，後者を ❻ 鎖という。❻鎖が合成されていくときには，**複数の短い DNA 断片が断続的に合成され**，これが ❼ という酵素によって**つなぎ合わされていく**。この短い DNA 断片を ❽ という。

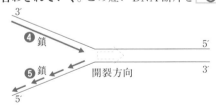

B☑❾ 複製時に誤ったヌクレオチドが挿入されると，これを取り除き，その部分に正しいヌクレオチドを合成する働きをする酵素は何か。

A☑ 次の文章の❿・⓫の｛ ｝内から正しいものを選べ。

真核生物の DNA は線状で，複製開始点は❿｛a 1 か所である b 複数ある｝。また，複製開始点から⓫｛a 一方向 b 両方向｝へ複製が進んでいく。

第1節

第2節

第3節

第4節

第5節

第6節

出るポイント

- DNA ポリメラーゼはゼロから新しいヌクレオチド鎖を伸長させることはできないので，複製開始点にはプライマーとよばれる短い RNA が合成され，そこから新しい鎖が伸長していく。
- ヌクレオチド鎖の伸長は $5' \rightarrow 3'$ の方向のみに起こるので，DNA の複製時に新たに合成される2本の鎖のうち，一方は開裂方向に連続的に合成される（リーディング鎖）が，他方は開裂方向と逆方向に不連続に合成される（ラギング鎖）。
- ラギング鎖では短いヌクレオチド鎖が断続的に合成される。この短い断片を岡崎フラグメントという。
- 複製開始点は，原核生物では1か所であるが，真核生物では複数か所存在する。

解 説 ：DNA の複製のしくみ

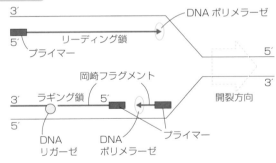

解 答

❶ メセルソン，スタール　❷ DNA ポリメラーゼ　❸ プライマー　❹ DNA ヘリカーゼ　❺ リーディング　❻ ラギング　❼ DNA リガーゼ　❽ 岡崎フラグメント　❾ DNA ポリメラーゼ　❿ b　⓫ b

遺伝情報の流れ

A☐ 次の文章の空欄❶〜❻に適語を入れよ。

　　遺伝情報は DNA の ❶ にあり，その情報に従って ❷ が合成され，形質が発現する。つまり，DNA の ❶が❷を構成する ❸ の種類・数・配列順序を指定しており，どのような❷が合成されるかが決まる。

　　DNA の❶が RNA の❶に写し取られる過程を ❹ ，RNA の❶が❸の配列へと置き換えられ，❷が合成される過程を ❺ という。このように，遺伝情報は DNA → RNA →❷へと一方向に流れるという原則を ❻ という。

$$DNA \xrightarrow{\ ❹\ } RNA \xrightarrow{\ ❺\ } ❷$$

B☐ 次の文章の空欄❼〜❾に適語を入れよ。

　　ウイルスの中には RNA を遺伝子としてもつもの（RNA ウイルス）があり，RNA から DNA を合成するものがいる。このように RNA から DNA を合成する現象を ❼ という。このようなウイルスは ❽ とよばれ，その例として ❾ などがある。

A☐ 次の文章の空欄❿〜⓭に適語を入れよ。

　　RNA には 3 種類ある。DNA の❶を写し取って，その情報を❷を合成する細胞小器官である ❿ に伝えるのが ⓫ である。また，❺の過程で，⓫の情報に対応した❸を❿へ運ぶのが ⓬ である。そして，❿の構成要素となっているのが ⓭ である。

A☐ RNA を構成する糖はリボースである。DNA の糖（デオキシリボース）との構造のちがいについて，次の構造式の空欄⓮・⓯に適する化学式を記せ。

リボース　⓮　　　　　　デオキシリボース　⓯

第1節

第2節

第3節

第4節

第5節

第6節

出るポイント

- DNA の塩基配列がアミノ酸の種類・数・配列順序を決め，どのようなタンパク質が合成されるかが決まる。
- 遺伝情報は，DNA → RNA → タンパク質の一方向に流れ，タンパク質から DNA へ情報が伝達されることはない。この原則をセントラルドグマ（中心教義）という。
- RNA ウイルスのうち，RNA から DNA を合成するものがいる。この情報の流れは逆転写とよばれ，セントラルドグマの例外的な現象である。
- RNA には，mRNA（伝令 RNA），tRNA（転移 RNA，運搬 RNA），rRNA（リボソーム RNA）の 3 種類がある。

解　説：遺伝情報の流れ

　まず，遺伝情報の流れの原則をしっかり理解しよう

次からが，本番だよ　

解　答

❶ 塩基配列　❷ タンパク質　❸ アミノ酸　❹ 転写
❺ 翻訳　❻ セントラルドグマ　❼ 逆転写
❽ レトロウイルス　❾ HIV　❿ リボソーム　⓫ mRNA
⓬ tRNA　⓭ rRNA　⓮ OH　⓯ H

テーマ 56　遺伝情報の転写

A☐ 次の文章の空欄**❶**〜**❹**, **❻**に適語を入れ，**❺**・**❼**の
｜　｜内から正しいものを選べ。

　DNA には，転写開始部位の近くに ┃**❶**┃ とよばれる
領域があり，そこに ┃**❷**┃ という酵素が結合することで
転写が開始される。転写が起こるとき，DNA の二本鎖
**のどちらか一方の鎖のみが遺伝情報として写し取られ
る**。このとき，RNA に転写される側の鎖を ┃**❸**┃ 鎖，
されない側の鎖を ┃**❹**┃ 鎖という。DNA の二本鎖のう
ち，転写される側の鎖は**❺**｜a 決まった一方の鎖　b 遺
伝子ごとに異なる｜ので，1 本の鎖には**❸**鎖と**❹**鎖の両
方が存在する。転写では，鋳型となる DNA の塩基配列
と ┃**❻**┃ 的な塩基配列をもつ RNA のヌクレオチド鎖が
合成される。このとき，**❷**は RNA のヌクレオチド鎖を
❼｜a　3′→5′　b　5′→3′｜ の方向に合成していく。

A☐ 次の文章の空欄**❽**〜**⓬**に適語を入れよ。

　真核生物では，**転写によってできた RNA の一部が取
り除かれる**。このとき，取り除かれる部分に対応する
DNA の領域を ┃**❽**┃，それ以外の部分を ┃**❾**┃ という。
❽を含めたすべての塩基配列が転写された後，**❽**の部分
が取り除かれ，**❾**の部分が結合されて mRNA がつくられ
る。この過程を ┃**❿**┃ といい，┃**⓫**┃ 内で行われる。

　転写された RNA（RNA 前駆体）から mRNA がつく
られる過程で，**取り除かれる部分の違いによって異なる
mRNA ができることがある**。この現象を ┃**⓬**┃ という。

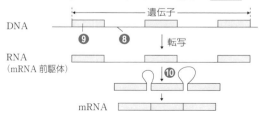

第1節

第2節

第3節

第4節

第5節

第6節

出るポイント

- DNA の転写開始部位の近くにあるプロモーター領域にRNAポリメラーゼが結合して，**転写が始まる。**
- DNA の二本鎖のうち，転写される鎖（鋳型鎖）をアンチセンス鎖，されない鎖（非鋳型鎖）をセンス鎖という。
- 転写により，鋳型鎖の塩基配列に相補的な塩基配列をもつ RNA のヌクレオチド鎖が合成される。
- RNA ポリメラーゼは RNA のヌクレオチド鎖を**5′ → 3′ の方向に合成していく。**
- 転写されてできた RNA（mRNA 前駆体）からイントロンが除去され，エキソンどうしが結合するスプライシングが起こり，mRNA がつくられる。
- スプライシングの際に，取り除かれる部位が変化することによって1つの遺伝子から複数種類の mRNA ができることがある。これを選択的スプライシングという。

解 説 ：選択的スプライシング

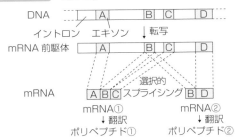

解 答

❶ プロモーター ❷ RNA ポリメラーゼ ❸ アンチセンス〔鋳型〕 ❹ センス〔非鋳型〕 ❺ b ❻ 相補 ❼ b ❽ イントロン ❾ エキソン ❿ スプライシング ⓫ 核 ⓬ 選択的スプライシング

テーマ 57 遺伝情報の翻訳

A☑ ❶ タンパク質合成が行われる細胞小器官はどこか。

A☑ ❷ アミノ酸を指定している mRNA の塩基 3 つの並び（トリプレット）を何というか。

A☑ 次の文章の空欄❸〜❼に適語を入れよ。

核内で合成された mRNA は ┃ ❸ ┃ を通って細胞質に移動すると，❶がこれに結合する。**アミノ酸を❶へ運ぶ役割をする tRNA は** ┃ ❹ ┃ **とよばれる 3 個の塩基配列**が指定する特定のアミノ酸とそれぞれ結合している。mRNA の❷に ┃ ❺ ┃ 的な❹をもつ tRNA がアミノ酸を結合して❶へ移動し，mRNA と結合する。これにより，❷が指定するアミノ酸が❶へ運ばれることになる。

❶上でアミノ酸どうしが ┃ ❻ ┃ 結合によってつながれていく。このように，**mRNA の塩基配列に従ってアミノ酸がつながれていき，タンパク質が合成される過程**を ┃ ❼ ┃ という。

A☑ 次の文章の空欄❽〜⓫に適語や数値を入れよ。

mRNA の 3 つ組塩基である❷は ┃ ❽ ┃ 種類あるが，アミノ酸は ┃ ❾ ┃ 種類なので，**1 つのアミノ酸を指定する❷が複数存在することがある**。❼は mRNA の AUG という 3 つ組塩基から始まり，これを ┃ ❿ ┃ という。また，mRNA の UAA，UAG，UGA という 3 つ組塩基は対応する tRNA が存在しないので，この塩基配列になると❼が終了する。この塩基配列を ┃ ⓫ ┃ という。

❼は開始コドンから始まって，終止コドンで終わるんだよね

⓫は，うあー，うあぐっ，うぎゃー
　　　　UAA　UAG　　UGA
と覚えよう

なんか苦しそうだね

出るポイント

- 核膜孔を通って細胞質に出た mRNA にリボソームが結合する。
- mRNA のコドンに相補的なアンチコドンをもつ tRNA が特定のアミノ酸を結合してリボソームに運ぶ。
- リボソーム上でアミノ酸どうしがペプチド結合によってつながる。
- リボソームがコドン1つ分移動すると，再びコドンに対応するアンチコドンをもつ tRNA が結合する。これが繰り返されて，次々にアミノ酸がペプチド結合し，タンパク質が合成される。
- 翻訳は mRNA の開始コドン（AUG）から始まって，終止コドン（UAA，UAG，UGA）で終了する。

解 説：タンパク質合成の過程

核内 GCGUA mRNA
リボソーム
AUGCGGUUCCC……
mRNA

アミノ酸 a
アミノ酸 b
ペプチド結合
アミノ酸 c
tRNA
UAC
GCCAAG
AUGCGGUUCCC……
リボソームの移動方向

解 答

❶ リボソーム ❷ コドン ❸ 核膜孔 ❹ アンチコドン
❺ 相補 ❻ ペプチド ❼ 翻訳 ❽ 64 ❾ 20
❿ 開始コドン ⓫ 終止コドン

原核生物のタンパク質合成

A☐ 次の文章の空欄❶～❺に適語を入れよ。

　　真核生物の細胞では，転写は ❶ 内で行われ，翻訳
は ❷ 中のリボソームで行われる。つまり，**転写と翻訳は場所も時間的にも分けられている。**一方，**原核生物**
の細胞では， ❸ が存在しないので，❶と❷の区別が
ない。また，遺伝子に ❹ が存在しないので，転写後
に ❺ が行われない。このように真核生物とは異なる
特徴がみられる。

A☐ 次の文章の空欄❻に適語を入れ，❼・❽の｜　｜内から
正しいものを選べ。

　　原核生物では， ❻ がDNA上を移動して転写が起
こり，mRNAが合成される。その**転写されている途中
のmRNAにリボソームが結合し，**mRNA上を移動し
てタンパク質が合成される。このように，転写と翻訳が
❼｜a 同じ場所　b 異なる場所｜で，❽｜a 同時
b 別々の時期｜に行われる。

下図は原核生物のRNA合成とタンパク質合成の様子を電子
顕微鏡でとらえた写真の模式図である。

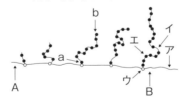

A☐ ❾ 図のア～エはそれぞれ何を示しているか。
A☐ ❿ A，BはRNA合成の開始点または終了点を示す。開
始点はA，Bのどちらか。
A☐ ⓫ aおよびbで合成されているポリペプチドはどちらの
方が多くのアミノ酸がつながっているか。

出るポイント

- 原核生物の細胞には**核膜がなく**，転写された RNA に対してスプライシングが起こらない。
- 原核生物では，DNA の塩基配列の転写が始まると，**転写途中の mRNA にリボソームが結合して直ちにタンパク質合成が始まる**。
- 原核生物では，**転写と翻訳が同じ場所でほぼ同時に起こる**。
- 真核生物では，転写は核内，翻訳は細胞質と，転写と翻訳の場所と時間がはっきりと分かれている。

解　説：原核生物での転写と翻訳

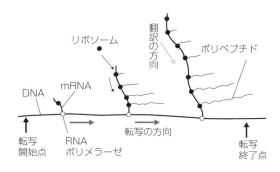

この図の電子顕微鏡写真も必ず見ておこう

解　答

❶ 核　❷ 細胞質　❸ 核膜〔核〕　❹ イントロン　❺ スプライシング　❻ RNA ポリメラーゼ　❼ a　❽ a
❾ ア　DNA　イ　mRNA　ウ　RNA ポリメラーゼ
エ　リボソーム　❿ A　⓫ a

原核生物における遺伝子の発現調節

A☑ 次の文章の空欄❶～❹に適語を入れよ。

DNA の特定の領域（調節領域）に結合して**他の遺伝子の転写の調節**を担うタンパク質を ❶ といい，これをコードする遺伝子を ❷ という。

原核生物では，機能的に関連のある遺伝子が隣接して存在し，まとめて転写される。このような遺伝子群を ❸ という。❶が結合する DNA の領域を ❹ といい，❹の部位に❶が結合するかしないかによって❸の発現が調節される。

A☑ 次の文章の空欄❺～❽に適語を入れよ。

大腸菌は生育にグルコースを必要とする。グルコースがなくラクトースがある場合には， ❺ というラクトースを分解する酵素などを合成し，ラクトースを分解してグルコースをつくり利用する。

培地にラクトースがない場合

❷からつくられた❶が❹の部位に結合する。すると，RNA ポリメラーゼが ❻ の部位に結合できなくなるため，転写が起こらない。このような場合の❶を ❼ とよぶ。この結果，遺伝子が発現せず，ラクトース分解酵素などは合成されない。

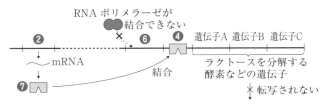

培地にグルコースがなく，ラクトースがある場合

❽ の代謝産物が❼に結合すると，❼は❹に結合できなくなる。この結果，RNA ポリメラーゼが❻に結合し，転写が行われるようになる。

第7節

第8節

第9節

第10節

第11節

第12節

出るポイント

- ●遺伝子の発現調節は，主に**転写の段階**で行われる。
- ●調節タンパク質は他の遺伝子の発現を調節しており，調節タンパク質の遺伝子を調節遺伝子とよぶ。
- ●原核生物では，機能的に関連のある遺伝子が隣接して存在し，まとめて転写される。このような遺伝子群をオペロンという。
- ●大腸菌のラクトースオペロンでは，ラクトースの分解に働く酵素などがまとめて転写の調節を受ける。これらの**転写はオペレーターへのリプレッサー（調節タンパク質）の結合の有無**によって調節される。

解 説 ：培地にグルコースがなく，ラクトースがある場合

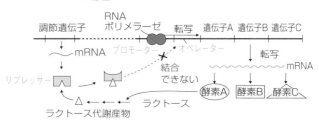

リプレッサー……遺伝子発現の抑制に働く調節タンパク質
プロモーター……RNA ポリメラーゼが結合する DNA の領域
オペレーター……リプレッサーが結合する DNA の領域

左ページの図と見比べて，
違いをきちんと理解しよう

解 答

❶ 調節タンパク質〔転写調節因子〕　❷ 調節遺伝子　❸ オペロン　❹ オペレーター　❺ β - ガラクトシダーゼ　❻ プロモーター　❼ リプレッサー　❽ ラクトース

60 | 真核生物における遺伝子の発現調節

A☐　次の文章の空欄❶〜❹に適語を入れよ。

　　真核生物の DNA は　❶　とよばれるタンパク質と結合して，　❷　を形成している。❷がつながった繊維状の DNA は折りたたまれ　❸　繊維とよばれる構造を形成している。このような状態の DNA には転写を行う　❹　が結合できず，転写が起こらない。遺伝子が転写されるには，❸繊維がある程度ほどかれて**ゆるんだ状態になっている必要がある。**

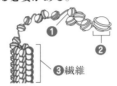

A☐　次の文章の空欄❺〜❼に適語を入れよ。

　　原核生物では，RNA ポリメラーゼが　❺　領域に直接結合するが，真核生物の RNA ポリメラーゼは転写の開始を助けるタンパク質である　❻　とともに転写複合体を形成し，❺に結合する。

　　❺以外の転写調節に関わる DNA 領域を　❼　といい，ここに調節タンパク質が結合する。下図のように❼，❺，調節タンパク質，❻，RNA ポリメラーゼが複合体を形成することで転写が開始される。

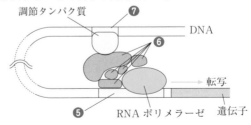

　原核生物よりも転写調節のしくみが複雑だね

出るポイント

- DNA がヒストンとともに密に折りたたまれたクロマチン繊維を形成している状態では転写が起こらない。
- 原核生物では RNA ポリメラーゼがプロモーターに直接結合して転写が開始する。
- 真核生物では転写調節領域，プロモーター，調節タンパク質，基本転写因子，RNA ポリメラーゼが複合体をつくることで，転写が開始される。
- 1 つの調節遺伝子によってつくられた調節タンパク質が別の調節遺伝子の発現を促進または抑制したりする。このような調節のしくみが連続的に起こっていく。

解 説：調節遺伝子による連続的な遺伝子発現の調節

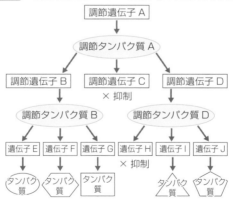

このような現象は，発生の過程でみられることが多いよ

解 答

❶ ヒストン ❷ ヌクレオソーム ❸ クロマチン ❹ RNA
ポリメラーゼ ❺ プロモーター ❻ 基本転写因子 ❼ 転写調
節領域

第 7 節　発生と遺伝子の発現　**131**

61 その他の遺伝子発現の調節～パフ，ホルモン

B☑ 次の文章の空欄❶・❷・❺に適語を入れ，❸・❹の
｜　｜内から正しいものを選べ。

　ショウジョウバエなどの幼虫のだ腺染色体には　❶
とよばれる膨らみがある。❶では　❷　が盛んに合成さ
れている。❶の位置は❸｜a 発生の進行に伴って変化す
る　b 発生が進行しても変化しない｜。このことから発
生の段階によって発現する遺伝子が❹｜a 変化する
b 変わらない｜ことがわかる。すなわち，**特定の遺伝子
が一定の順序で発現する**ことによって，細胞の　❺　が
調節され，その生物に特有の形態や機能が現れる。

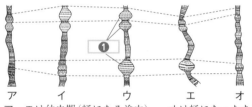

ア［ア　イ　ウ　エ　オ］
ア～エは幼虫期（蛹になる途中）　　オは蛹になったあと

A☑ 次の文章の空欄❻～❽に適語を入れよ。

　ホルモンのうち，糖質コルチコイドなどのステロイド
ホルモンや甲状腺ホルモンなどの　❻　性ホルモンは，
細胞膜を通り抜けて細胞内にある　❼　と結合する。こ
れが調節タンパク質と同様に DNA の　❽　領域に結合
する。その結果，**その遺伝子の転写を開始させる**。

インスリンなどの水溶性ホルモン
は細胞膜表面の❼に結合するよ

そうすると，細胞内で cAMP がつくられ
て，酵素を活性化させるんだよね（詳しく
は『生物基礎早わかり一問一答』を見てね）

第7節

第8節

第9節

第10節

第11節

第12節

出るポイント

- だ腺染色体のパフでは，その部分の**遺伝子が活発に転写され，mRNA が盛んに合成**されている。
- パフの位置が発生の進行に伴って変化することから，**発生段階によって発現する遺伝子が変化する**ことがわかる。
- 特定の遺伝子が一定の順序で発現していくことで細胞の分化が起こり，発生が進行する。
- 脂溶性ホルモンは**細胞内の受容体と結合**し，その複合体が DNA の転写調節領域に結合して転写を開始させる。

解　説：ホルモンによる遺伝子の発現

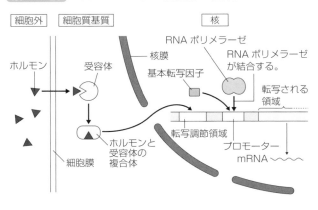

解　答

❶ パフ　❷ mRNA　❸ a　❹ a　❺ 分化　❻ 脂溶
❼ 受容体　❽ 転写調節

RNA 干渉

C 次の文章の空欄❶〜❹に適語を入れ，❺・❻の｜　｜内から正しいものを選べ。

　真核生物における**遺伝子発現の調節**は，主に　❶　の段階の調節，つまり mRNA の合成量の調節によって行われているが，転写後の mRNA に対して　❷　の調節が行われる場合がある。

　DNA からは mRNA，tRNA，rRNA の他に，低分子の短い **RNA** が合成される。この短い RNA がタンパク質と複合体をつくり，相補的な塩基配列をもつ mRNA に結合し，mRNA を　❸　したり，リボソームによる❷を妨げたりする。このような短い RNA の働きを　❹　という。

　❹を利用して，ある特定の遺伝子の mRNA の一部と相補的な短い **RNA** を人工的に導入することにより，その遺伝子の機能を❺｜a 促進　b 阻害｜することができる。

　このような技術により，遺伝子の発現を❻｜a 促進　b 抑制｜することによって治療効果が見込まれるような**病気に対する治療**などへの応用が期待されている。

❹は，もともと真核生物がウイルスから身を守るために，ウイルスの核酸を分解する酵素をもっていることを利用しているんだ

それってどういうこと？

ウイルスの核酸は二本鎖 RNA であることが多いので，真核生物は二本鎖 RNA が体内に入ってくると（存在すると），これを検知して壊すシステムをもっているんだ

その性質を利用して，特定の mRNAを壊す，つまり特定の遺伝子の発現を抑えるということなんだね

第7節

第8節

第9節

第10節

第11節

第12節

出るポイント

- 真核生物における**遺伝子発現の調節**は，主に転写の段階の調節によって行われている。
- 転写後の mRNA に対して，**翻訳の調節**が行われる場合があり，RNA 干渉はその例である。
- RNA 干渉とは，低分子の短い RNA が相補的な mRNA に結合して，これを分解したり，リボソームによる**翻訳を妨げたりする**現象をいう。
- RNA 干渉を利用して，人工的に短い RNA を導入して，人為的に特定の遺伝子の発現を抑えることができる。

解 説：RNA 干渉のしくみ

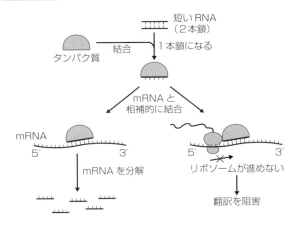

解 答

① 転写 **②** 翻訳 **③** 分解〔切断〕 **④** RNA 干渉〔RNAi〕
⑤ b **⑥** b

テーマ 63 動物の配偶子形成

A☐ ❶ 配偶子をつくるもとになる細胞で、発生の早い段階から存在しており、未分化な精巣や卵巣に移動する細胞を何というか。

A☐ 次の文章の空欄❷～❻に適する語句を入れよ。

❶は精巣（せいそう）に移動して ❷ 細胞になる。❷細胞は体細胞分裂を繰り返して増殖する。個体の成長に伴い、一部の❷細胞は成長して減数分裂を行う ❸ 細胞に分化する。❸細胞は減数分裂第一分裂（げんすうぶんれつ）を行って ❹ 細胞となり、さらに第二分裂を行って ❺ 細胞となる。❺細胞はその後、形を変えて（**変態して**） ❻ となる。

A☐ 次の文章の空欄❼～⓬に適する語句を入れよ。

❶は卵巣（らんそう）に移動して ❼ 細胞になる。❼細胞は体細胞分裂を繰り返して増殖する。一部の❼細胞は減数分裂を行う ❽ 細胞に分化し、卵黄や mRNA などを蓄えて著しく肥大成長する。❽細胞は減数分裂第一分裂によって大きな ❾ 細胞と小さい ❿ に分かれる。❾細胞は第二分裂により大きい ⓫ と小さい ⓬ になる。❿および⓬はその後消失する。

C☐ 次の文章の空欄⓭～⓯に適する語句を入れよ。

ヒトの卵形成における減数分裂では、第 ⓭ 分裂の ⓮ 期でいったん分裂を停止する。この状態で排卵され、輸卵管内で精子と出会うと減数分裂を再開し、 ⓯ を放出して卵の核が現れる。

卵形成における減数分裂では、細胞質の不均等な分裂が起こるんだね

多量の卵黄を含む卵をつくるために、3個は犠牲にして1個に集中させているんだね

出るポイント

- 発生初期から存在し，配偶子をつくるもとになる細胞を始原生殖細胞という。
- 始原生殖細胞が精巣および卵巣に移動して，それぞれ精原細胞および卵原細胞になり，体細胞分裂を繰り返して増殖する。
- 精原細胞が成長して一次精母細胞となり，**減数分裂を**行う。**細胞質が均等に分裂されて，**1個の一次精母細胞から**4個の精細胞**が生じる。
- 卵原細胞が成長して一次卵母細胞となり，**減数分裂を**行う。**細胞質が不均等に分裂され，1個の大きな卵**と3個（または2個）の小さい**極体**を生じる。

解　説：動物の配偶子形成

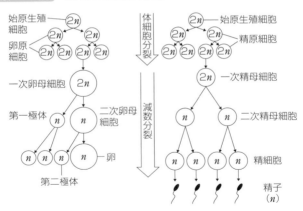

解　答

❶ 始原生殖細胞　❷ 精原　❸ 一次精母　❹ 二次精母　❺ 精
❻ 精子　❼ 卵原　❽ 一次卵母　❾ 二次卵母　❿ 第一極体
⓫ 卵　⓬ 第二極体　⓭ 二　⓮ 中　⓯ 第二極体

受　精

A☐　次の文章の空欄**❶**〜**❸**に適する語句を入れよ。

　　精子の構造は下図に示すように，**頭部**，**中片部**，**尾部**からなる。精細胞から精子になる過程で，精細胞の中心体から　**❶**　が形成されて尾部となり，そのつけ根あたりに　**❷**　が集まって中片部となる。また，先端では**ゴルジ体**からつくられた　**❸**　が形成され，核とともに頭部となる。

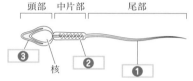

A☐**❹**　卵と精子が接触し，卵の核と精子の核が融合するまでの過程を何というか。

A☐　次の文章の空欄**❺**・**❻**に適する語句を入れよ。

　　❹の過程は，まず，精子が卵のまわりのゼリー層に達すると，精子の頭部にある**❸**が壊れて内容物を放出する。そして，頭部の細胞質中でアクチンが繊維状に変化して突起をつくる。この突起を　**❺**　といい，精子がゼリー層に達してから**❺**が伸びるまでの一連の変化を　**❻**　という。

B☐**❼**　卵の表層の細胞質にほぼ一層に並ぶ，小顆粒を含む小胞を何というか。

B☐**❽**　精子がゼリー層を通り抜け，**❺**が卵黄膜を通過して卵の細胞膜に達すると，**❼**が**エキソサイトーシス**を起こして卵黄膜と細胞膜の間にその内容物（小顆粒）が放出される。この反応を何というか。

A☐**❾**　**❽**によって，卵黄膜が押し広げられ，細胞膜から分離して形成される膜を何というか。

B☐**❿**　**❾**によって他の精子の進入を防ぐことができる。このように，受精時に1つの精子しか進入させない現象を何というか。

出るポイント

- 精子の頭部は**先体**と**核**，中片部は**中心体**とミトコンドリア，尾部は中心体から生じた**べん毛**からなる。
- 精子が卵のまわりのゼリー層に達すると，**先体突起**を形成する**先体反応**が起こる。
- 精子が卵の細胞膜に接すると，**表層反応**が起こり，卵黄膜が細胞膜から離れて受精膜となる。
- 受精膜の形成は，多精拒否のしくみの１つとなっている。

解　説：受精の過程と先体反応

ウニの卵の受精の過程

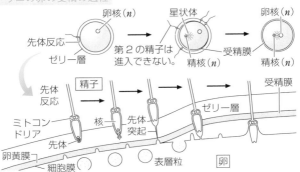

 受精膜って，そんなにすぐにはできないよね

卵に精子が達すると，卵の膜電位が負（－）から正（＋）に瞬時に変化して精子は卵内に進入できなくなるんだ。これが速い多精拒否のしくみだよ

解　答

❶ べん毛　❷ ミトコンドリア　❸ 先体　❹ 受精　❺ 先体突起　❻ 先体反応　❼ 表層粒　❽ 表層反応　❾ 受精膜　❿ 多精拒否

テーマ 65　初期発生の過程

A☐　次の文章の空欄❶・❻・❼に適する語句を入れ，❷〜❺の｜　｜内から正しいものを選べ。

　　発生初期にみられる体細胞分裂を　❶　という。❶は通常の体細胞分裂と比べて細胞周期が❷｜a　長い　b　短い｜。また，分裂後，細胞質が❸｜a　十分成長した後　b　成長せずに｜次の分裂に入るので，分裂ごとに細胞（割球）の大きさが❹｜a　大きく　b　小さく｜なっていく。さらに，各割球が❺｜a　ほぼ同時に　b　それぞれ別々に｜分裂していく。

　　卵には発生に必要な栄養分として　❻　が含まれている。❶は❻が多い部分では起こりにくいので，❶の様式は❻の量と　❼　によって異なる。

C☐　❽　ウニの卵の種類と❶の様式を答えよ。

C☐　❾　カエルの卵の種類と❶の様式を答えよ。

C☐　❿　ショウジョウバエの卵の種類と❶の様式を答えよ。

A☐　次の文章の空欄⓫〜⓰に適する語句を入れよ。

　　❶によって細胞数が増加すると，ウニや両生類，哺乳類では胚の中心部に　⓫　とよばれる空所ができる。さらに❶が進むと比較的均一な小型の細胞からできた状態となる。また，⓫が大きくなり，　⓬　とよばれるようになる。この時期の胚を　⓭　という。

　　さらに発生が進むと，胚の表面にあった細胞が内部に陥入し，　⓮　とよばれる空所を形成する。この時期の胚を　⓯　という。また，この時期には，胚を構成する細胞が3つの　⓰　に分化する。

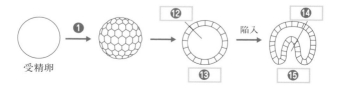

出るポイント

- 卵割の特徴は，①分裂速度が大きい。②細胞質の成長を伴わずに次の分裂が起こる（分裂ごとに割球が小さくなる）。③分裂が同調している。
- 卵割様式は**卵黄の量と分布**によって異なる。
- 卵割が進むと胞胚となり，内部に大きな空所（胞胚腔）が生じる。
- 胞胚期が過ぎると陥入が起こり，原腸が形成される原腸胚となる。この時期に**三胚葉**（外胚葉・内胚葉・中胚葉）が**分化**する。

解　説：卵割と通常の体細胞分裂の比較

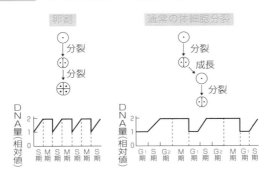

解　答

❶ 卵割　❷ b　❸ b　❹ b　❺ a　❻ 卵黄　❼ 分布
❽ 等黄卵・等割　❾ 端黄卵・不等割　❿ 心黄卵・表割
⓫ 卵割腔　⓬ 胞胚腔　⓭ 胞胚　⓮ 原腸　⓯ 原腸胚
⓰ 胚葉

ウニの発生過程

C□ 次の文章の❶～❸の｛ ｝内から正しいものを選び，空欄❹～❼に適する語句や数値を入れよ。

　　ウニの卵割は等割である。第一卵割は❶｛a 経割 b 緯割｝，第二卵割は❷｛a 経割 b 緯割｝，第三卵割は❸｛a 経割 b 緯割｝で，ここまでは各分裂で大きさの等しい割球が生じる。第四卵割で生じた ❹ 細胞期の胚では，右図のように異なる大きさの割球が生じる。このとき，大割球は ❺ 個，中割球は ❻ 個，小割球は ❼ 個生じる。

C□ 次の文章の空欄❽～❿に適する語句を入れよ。

　　卵割期を過ぎると，下図のようになる。この時期の胚を ❽ といい，内部にできる大きな空所を ❾ という。また，植物極側の細胞が胚の内部に遊離して**一次間充織細胞**となり，これが ❿ 胚葉になる。

一次間充織細胞

C□ 次の文章の空欄⓫～⓳に適する語句を入れよ。

　　❽期を過ぎると，植物極側の細胞が内部に向かって ⓫ する。⓫によって生じた新たな空所を ⓬ といい，⓬の入り口を ⓭ という。この時期の胚を ⓮ という。⓮期に入ると，胚を構成する細胞は，外側をおおう ⓯ ，原腸の壁を構成する ⓰ ，その中間に位置する ⓱ の３つの**胚葉に分化**する。

　　⓬の先端が動物極側の外胚葉に達すると，そこに ⓲ ができ，また，⓭は ⓳ となる。そしてプルテウス幼生となり，変態して成体となる。

出るポイント

- 第三卵割までは均等に卵割が起こるが,第四卵割(16細胞期)で大きさの異なる割球(大割球,中割球,小割球)が生じる。
- 卵割期を過ぎると,**桑実胚→胞胚→原腸胚→幼生→成体**へと発生が進む。
- 原腸胚期に**陥入**が起こり,外胚葉,中胚葉,内胚葉の**三胚葉**が分化する。
- 原口は肛門になり,反対側に口が開く。

解 説:ウニの発生過程

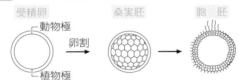

受精卵　　　　　　桑実胚　　　　　　胞 胚

動物極

卵割

植物極

原腸胚　　　　プルテウス幼生

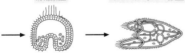

こんな感じで発生が進んでいくんだね

ここは,かる～くいこう

解 答

❶ a ❷ a ❸ b ❹ 16 ❺ 4 ❻ 8 ❼ 4
❽ 胞胚 ❾ 胞胚腔 ❿ 中 ⓫ 陥入 ⓬ 原腸 ⓭ 原口
⓮ 原腸胚 ⓯ 外胚葉 ⓰ 内胚葉 ⓱ 中胚葉 ⓲ 口
⓳ 肛門

A☐ 次の文章の空欄❶〜❸に適する語句を入れ，❹〜❻の
｜ ｜内から正しいものを選べ。

　カエルでは，受精の際に精子が動物極側に達すると，
卵の表層回転が起こり精子進入点の反対側の卵表面に
❶とよばれる色素が異なる部分が生じる。❶が生じ
た側が将来の ❷ 側，その反対側が ❸ 側となり，
こうして受精直後に背腹軸が決まる。

　カエルの卵は端黄卵で卵黄が❹｜a 植物極　b 動物
極｜側に偏って分布している。第一卵割は❺｜a 経割
b 緯割｜で，❶を二等分するように起こる。第二卵割は
第一卵割に直交するように起こる場合が多い。第三卵割
は緯割で❻｜a 赤道面　b 赤道面より植物極側　c 赤
道面より動物極側｜で起こる。

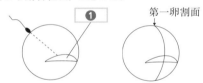

A☐ 次の文章の空欄❼・❾〜⓬に適する語句を入れ，❽の
｜ ｜内から正しいものを選べ。

　卵割が進むと内部に ❼ とよばれる空所が
❽｜a 胚全体に　b 動物極側に　c 植物極側に｜で
き，胞胚になると❼が広がって ❾ となる。そのあと，
❶のあった位置の植物極寄りに ❿ が生じ，ここから
内部に向かって陥入が起こる。❿の上側にある部分を
⓫ とよび，⓫は動物極方向に胚表面を裏打ちしなが
ら陥入していく。陥入が進む過程で❿はしだいに半月状
になり，やがて円形になる。この❿に囲まれた円形の部
分を ⓬ という。

出るポイント

- 受精直後，精子進入点の反対側に灰色三日月環（はいいろみかづきかん）が生じる。生じた側が将来**背側**，その反対側が**腹側**になる。
- カエルでは胞胚腔が動物極側に半球状にできる。
- 原口からの陥入により原腸ができ，これが拡大して，やがて胞胚腔が消滅する。
- 原口はやがて円形となり，これによって囲まれた部分を卵黄栓（らんおうせん）という。

解 説：カエルの発生過程

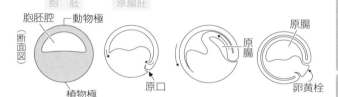

胞 胚　　原腸胚

胞胚腔 ─動物極

（断面図）

植物極　　　原口

原腸

原腸

原腸

卵黄栓

胞胚から原腸胚の過程を
きちんと理解しよう

外観からでも卵黄栓は
よくわかるよね

卵黄栓は原腸胚に，
特徴的な構造だよね

解 答

❶ 灰色三日月環　❷ 背　❸ 腹　❹ a　❺ a　❻ c
❼ 卵割腔　❽ b　❾ 胞胚腔　❿ 原口　⓫ 原口背唇部
⓬ 卵黄栓

テーマ 68 カエルの発生過程②〜原腸胚から神経胚

A☑ 次の文章の空欄❶〜❸に適する語句を入れよ。

　胞胚期において胚表面にあった予定　❶　胚葉域，予定　❷　胚葉域は陥入によって胚内部に入っていく。このとき，動物半球にあった予定表皮域の細胞は植物半球をおおうように移動する。したがって，陥入後，胚表面にあるのは卵黄栓以外はすべて　❸　胚葉の細胞である。

A☑ 次の文章の空欄❹〜❾に適する語句を入れよ。

　陥入が終わると，背側がしだいに厚くなって平らになる。この部分を　❹　という。やがて，❹の中央に　❺　とよばれる溝ができ，❹の縁が両側から隆起してきて中央で互いにくっついて　❻　とよばれる管をつくる。この時期の胚を　❼　とよび，❻が将来　❽　や脊髄となる。その後，胚は前後に伸び，尾のもととなる膨らみが生じる。この時期の胚を　❾　とよぶ。

A☑ 下の図は❾の横断面図を示したものである。

(i) 図中の❿〜⓯の名称を答えよ。

(ii) ❿〜⓯から分化する組織・器官として適当なものを，次のa〜kから選べ（該当するものをすべて選べ）。

　　a　心臓　　b　腎臓　　c　肝臓　　d　すい臓
　　e　眼の水晶体　　f　眼の網膜　　g　骨格
　　h　内臓筋　　i　肺　　j　真皮　　k　のちに退化

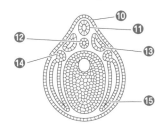

出るポイント

- **外胚葉**

  表皮……皮膚の表皮，眼の水晶体

  神経管……脳，脊髄，眼の網膜

- **中胚葉**

  脊索（せきさく）……のちに退化

  体節（たいせつ）……脊椎骨，骨格，骨格筋，真皮

  腎節（じんせつ）……腎臓

  側板（そくばん）……心臓，血管，内臓筋

- **内胚葉**……肺，消化管上皮，肝臓，すい臓

解 説：原腸胚から神経胚の過程

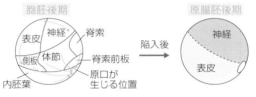

胞胚後期

神経　脊索

表皮

側板　体節

脊索前板

内胚葉　原口が生じる位置

陥入後

原腸胚後期

神経

表皮

予定中胚葉域，予定内胚葉域はすべて，陥入によって内部に入ってしまうんだ

そして，予定表皮域が植物極側に移動するんだ

神経胚

神経溝

この後，両側から盛り上がってきて，上でふさがって神経管ができるんだ

解 答

❶・❷　中・内　❸　外　❹　神経板　❺　神経溝　❻　神経管
❼　神経胚　❽　脳　❾　尾芽胚　(i)❿　表皮　⓫　神経管
⓬　脊索　⓭　体節　⓮　腎節　⓯　側板　(ii)❿　e　⓫　f
⓬　k　⓭　g，j　⓮　b　⓯　a，h

第7節　発生と遺伝子の発現　147

体軸の決定

A☐ 次の文章の空欄❶に適する語句を入れよ。

　　卵母細胞に蓄えられた母方由来の mRNA やタンパク質のうち、発生の過程に影響を及ぼすものを　❶　という。受精卵内における❶の偏りが**体軸の決定に関与する**。

A☐ 次の文章の空欄❷・❸に適する語句を入れ、❹の｜　｜内から正しいものを選べ。

　　カエルでは、精子が卵に進入すると、卵の表面が内部に対して約30°回転する　❷　が起こる。これにより、精子進入点の反対側に周囲と色の濃さが異なる　❸　が現れ、これが将来の❹｜a 背側　b 腹側｜になる。

B☐ 次の文章の空欄❺・❼に適する語句を入れ、❻の｜　｜内から正しいものを選べ。

　　カエルの**背腹軸の決定**に関与する❶で、卵の植物極側に存在するタンパク質を　❺　タンパク質という。精子進入後、卵の❷により、❺タンパク質が精子進入点の❻｜a 同じ側　b 反対側｜に移動する。これによってさまざまな　❼　遺伝子が発現し、背側に特徴的な遺伝子が発現するようになり、背腹軸が決定される。

A☐ 次の文章の空欄❽～❿に適する語句を入れよ。

　　ショウジョウバエの未受精卵には❶である mRNA が蓄積しており、これにより、体の前後が決まる。卵の前端には　❽　が、後端には　❾　が局在し、受精後、それぞれの mRNA が翻訳されたタンパク質が拡散し、前端から後端および後端から前端に向かって**濃度勾配を形成する**。これが卵における相対的な　❿　情報となり、これによって胚の**前後軸が決まる**。

出るポイント

- 卵に蓄積されている**母性効果因子**（母性因子）の偏りなどが体軸の決定に関与する。
- カエルの卵では，精子が侵入すると**表層回転**が起こり，その反対側に**灰色三日月環**が現れる。
- 表層回転によって，ディシェベルドタンパク質が灰色三日月環の領域に移動することで，**背腹軸**が決定される。
- ショウジョウバエでは，ビコイド mRNA，ナノス mRNA がそれぞれ卵の前端および後端に局在する。
- ビコイドおよびナノスタンパク質の**濃度勾配**が形成され，これが**位置情報**となり，胚の**前後軸**が形成される。

解　説：前後軸決定に関与する母性効果因子の分布

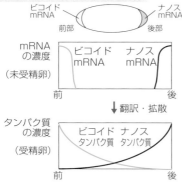

ショウジョウバエの未受精卵

ビコイド mRNA　　ナノス mRNA

前部　　　後部

mRNA の濃度
（未受精卵）

ビコイド mRNA　　ナノス mRNA

前　　　後

↓翻訳・拡散

タンパク質の濃度
（受精卵）

ビコイド タンパク質　ナノス タンパク質

前　　　後

卵に含まれる母性効果因子の偏りによって体軸の方向が決まるんだね

解　答

❶　母性効果因子〔母性因子〕　❷　表層回転　❸　灰色三日月環
❹　a　❺　ディシェベルド　❻　b　❼　調節　❽　ビコイド mRNA　❾　ナノス mRNA　❿　位置

テーマ 70 誘導と形成体

A□ **❶** 胚のある領域が隣接する他の領域に作用して，その**分化を引き起こす働き**を何というか。

A□ **❷** ❶の作用をもつ部域を何というか。

A□ 次の文章の**❸**～**❼**の｜　｜内から正しいものを選び，空欄**❽**～**⓫**に適する語句を入れよ。

下図のように，両生類の胞胚を 3 つの領域に切り分け，A と C を組み合わせて培養すると，**❸**｜a A　b C｜から本来生じないはずの脊索や筋肉や血球などが分化した。

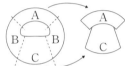

これは**❹**｜a 予定外胚葉域　b 予定内胚葉域｜である**❺**｜a A　b C｜が，**❻**｜a 予定外胚葉域　b 予定内胚葉域｜である**❼**｜a A　b C｜に働きかけて中胚葉に分化させたと考えられる。この現象を **❽** とよぶ。

カエルの胞胚の背側には β カテニンというタンパク質が蓄積しており，**❽**の際に，β カテニンなどの働きにより，赤道付近（帯域）の背側は後に **❾** となる背側中胚葉に分化する。**❾**は**❷**として働き，原腸胚期に陥入して，接する外胚葉を **❿** に分化させる。この現象を **⓫** という。

A□ 次の文章の空欄**⓬**～**⓲**に適する語句を入れよ。

⓫によってできた**❿**は前方が **⓬** になり，後方が **⓭** になる。**⓬**の両側に **⓮** とよばれる膨らみが生じ，その先端がくぼんで杯状の **⓯** になる。**⓯**は接する表皮を**❶**して **⓰** に分化させるとともに，自身は **⓱** に分化する。さらに**⓰**は接する表皮を**❶**して **⓲** に分化させる。このような**❶**の連鎖によって複雑な構造がつくられる。

第7節

第8節

第9節

第10節

第11節

第12節

出るポイント

- 両生類では，胞胚期に植物極側（予定内胚葉域）から分泌される物質によって，赤道付近（帯域）の細胞が中胚葉に誘導される。これを中胚葉誘導という。
- 予定内胚葉域の背側領域から分泌される物質によって，帯域の背側が背側中胚葉（のちの原口背唇部）に分化する。
- 原口背唇部が陥入して，接する外胚葉を神経管に誘導する。これを神経誘導という。
- 神経管から生じた眼胞が眼杯となり，これが形成体となって誘導が起こり，その結果つくられた部分が新たな形成体となって次々と誘導が起こる。このような誘導の連鎖により，複雑な器官がつくられていく。

解説：中胚葉誘導から神経誘導

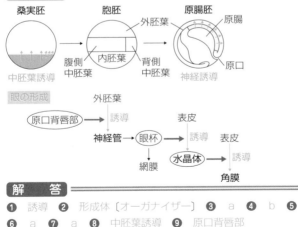

解答

❶ 誘導 ❷ 形成体〔オーガナイザー〕 ❸ a ❹ b ❺ b
❻ a ❼ a ❽ 中胚葉誘導 ❾ 原口背唇部
❿ 神経管 ⓫ 神経誘導 ⓬ 脳 ⓭ 脊髄 ⓮ 眼胞
⓯ 眼杯 ⓰ 水晶体 ⓱ 網膜 ⓲ 角膜

A☐　次の文章の**❶**・**❷**・**❹**～**❻**の｛　｝内から正しいものを選び，空欄**❸**に適する語句を入れよ。

　　カエルの胞胚の動物極付近（アニマルキャップ）を単独で培養すると**❶**｛a　表皮　　b　神経｝に分化し，形成体（原口背唇部）と接触させて培養すると**❷**｛a　表皮　b　神経｝に分化する。アニマルキャップでは個々の細胞がBMPとよばれるタンパク質を分泌し，それを外胚葉の細胞が，細胞膜にある　**❸**　で受け取ることで**❹**｛a　表皮　　b　神経｝への分化を引き起こす遺伝子の発現が誘導される。

　　形成体は，BMPに結合して**❸**との結合を妨げるタンパク質（ノギン，コーディンなど）を分泌する。これによって，**❺**｛a　表皮　　b　神経｝への分化を阻害し，**❻**｛a　表皮　　b　神経｝への分化を引き起こすように作用している。

A☐　次の文章の空欄**❼**～**⓫**に適する語句を入れよ。

　　BMPは胚の全域で分泌される。下図のように，形成体から分泌されるノギン，コーディンなどの**BMPの働きを阻害するタンパク質**によって，胚の各部域からそれぞれ異なる組織が分化するようになる。つまり，外胚葉でBMPを阻害すると　**❼**　が分化し，阻害されなければ　**❽**　が分化する。中胚葉でBMPを阻害すると，阻害タンパク質の濃度勾配に従って，　**❾**　，　**❿**　，腎節，　**⓫**　が背腹軸に沿って分化する。

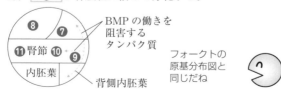

第7節

第8節

第9節

第10節

第11節

第12節

出るポイント

- 外胚葉はもともと表皮になる運命にあり、形成体（原口背唇部）から分泌される物質によって、神経に誘導されると考えられていた。
- BMP が外胚葉の細胞の**受容体に結合**すると、**表皮への分化**が起こる。
- 形成体から分泌される BMP 阻害タンパク質（ノギン、コーディンなど）が、BMP と受容体の結合を妨げる。
- **BMP が受容体に結合しないと、神経への分化**が起こる。
- つまり、外胚葉の細胞はもともと神経に分化する運命にあり、誘導されることにより表皮に分化することがわかった。

解 説：外胚葉が表皮や神経に分化するしくみ

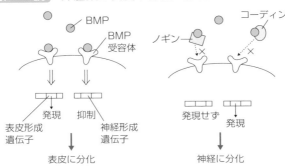

外胚葉の細胞は、もともと神経に分化する運命にあるんだね

解 答

❶ a **❷** b **❸** 受容体 **❹** a **❺** a **❻** b **❼** 神経
❽ 表皮 **❾** 脊索 **❿** 体節 **⓫** 側板

シュペーマンの実験

A☑ 次の文章の空欄**❶**・**❷**・**❹**・**❺**・**❼**に適する語句を入れ，**❸**・**❻**の｜ ｜内から正しいものを選べ。

　シュペーマンは色の違う2種類のイモリを用いて**予定表皮域**と**予定神経域**の交換移植を行った。初期原腸胚で，予定表皮域を切り取って予定神経域に移植すると，移植片は ❶ に分化し，予定神経域を切り取って予定表皮域に移植すると，移植片は ❷ に分化した。すなわち，移植片は❸｜a 移植された場の運命　b 本来の運命｜に従って分化した。また，初期神経胚で，予定表皮域を切り取って予定神経域に移植すると，移植片は ❹ に分化し，予定神経域を切り取って予定表皮域に移植すると，移植片は ❺ に分化した。すなわち，移植片は❻｜a 移植された場の運命　b 本来の運命｜に従って分化した。この結果から，外胚葉の予定運命は ❼ に決定されることがわかった。

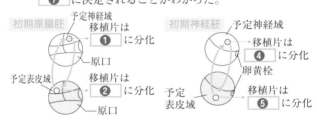

A☑ 次の文章の空欄**❽**〜**⓬**に適する語句を入れよ。

　イモリの初期原腸胚の ❽ を切り取り，同じ時期の別の胚の腹側の表皮域に移植したところ，移植片を中心に第二の胚（ ❾ ）が形成された。❾を調べてみると， ❿ や体節の一部は移植片に由来していたが，神経管などは宿主胚に由来していた。この結果から，移植した❽が未分化な細胞に働きかけて，神経管などをつくらせたことがわかった。このような働きをもつ部域を ⓫ といい，その働きを ⓬ という。

第7節

第8節

第9節

第10節

第11節

第12節

出るポイント

● 初期原腸胚では，表皮と神経の運命は**まだ決定されていない**（移植片は移植された場の運命に従う）。

● 初期神経胚では，表皮と神経の運命は**決定されている**（移植片は本来の運命に従う）。

● **表皮**と**神経**の予定運命は**初期原腸胚期**と**初期神経胚期**の間に決定される。

● 原口背唇部は接する外胚葉を神経管に誘導する形成体（けいせいたい）として働く。

解　説：原口背唇部の移植実験

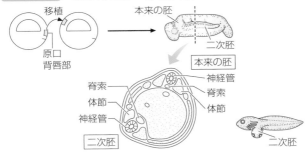

色の違う胚を用いたことで移植片が何に分化したかがわかりやすいんだね

この実験で，誘導作用をもつ形成体が発見されたんだね

解　答

❶ 神経　❷ 表皮　❸ a　❹ 表皮　❺ 神経　❻ b

❼ 初期原腸胚期と初期神経胚期の間　❽ 原口背唇部

❾ 二次胚　❿ 脊索　⓫ 形成体　⓬ 誘導

A☑ 次の文章の空欄❶・❷・❺・❻に適する語句を入れ，
❸・❹・❼の｜　｜内から正しいものを選べ。

　　ニワトリの皮膚は外胚葉性の表皮と ❶ 胚葉性の
真皮からなり，背中の皮膚は羽毛，肢の皮膚はうろこを
形成している。ニワトリの胚から背中と肢の皮膚を切り
出し，表皮と真皮に分けて，表皮と真皮の組合せを交換
して培養した結果，次のようになった。

　　　背中の表皮＋背中の真皮→羽毛
　　　背中の表皮＋肢の真皮　→うろこ
　　　肢の表皮　＋背中の真皮→羽毛
　　　肢の表皮　＋肢の真皮　→うろこ

　この結果から，羽毛に分化するか，うろこに分化する
かを決めるのは，　❷　であることがわかる。

　肢の真皮と背中の表皮を結合して培養する実験を，そ
れぞれ切り出す時期（胚の日数）を変えて実験したとこ
ろ，下表のような結果となった。

肢の真皮	背中の表皮	
	5日目胚	8日目胚
10日目胚	羽　毛（ア）	羽　毛（エ）
13日目胚	うろこ（イ）	羽　毛（オ）
15日目胚	うろこ（ウ）	羽　毛（カ）

　表の（イ），（ウ）の結果から，❸｜a 表皮　b 真皮｜
は❹｜a 表皮　b 真皮｜からの　❺　作用に反応して
うろこへと分化したことがわかる。しかし，表の（ア）
の結果では羽毛へ分化している。これは10日目胚の真皮
では，まだ　❻　としての能力を獲得していないためと
考えられる。一方，表の（オ），（カ）の結果では，羽毛
へと分化している。これは，8日目胚の表皮では❺作用
に反応する❼｜a 能力を獲得した　b 能力を失った｜
ためと考えられる。

出るポイント

- 通常，ニワトリの背中の皮膚には羽毛が，肢の皮膚にはうろこができる。
- 皮膚が羽毛を形成するか，うろこを形成するかは真皮によって決まる。つまり，**真皮**が形成体として働き，接する**表皮**を誘導する。
- 器官形成は，形成体からの誘導だけでなく，誘導を受ける部位が誘導に反応する能力（**反応能**）がないと進行しない。
- 反応能は常にあるとは限らず，発生の一時期のみにみられ，その時期を過ぎると失われることが多い。

解 説：ニワトリの表皮の誘導

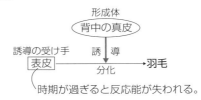

時期が過ぎると反応能が失われる。

時期が過ぎると反応能が失われる。

誘導を受ける側の能力（反応能）も必要なんだね

解 答

❶ 中　❷ 真皮　❸ a　❹ b　❺ 誘導　❻ 形成体

❼ b

第7節　発生と遺伝子の発現　157

形態形成を調節する遺伝子

A☑ 次の文章の空欄❶〜❸に適する語句を入れよ。

　　ショウジョウバエの卵には，　❶　因子であるビコイド遺伝子の mRNA やナノス遺伝子の mRNA がそれぞれ前部，後部に局在している。受精後，これらの mRNA が翻訳されてつくられたビコイドタンパク質およびナノスタンパク質が拡散して濃度勾配が形成され，これが卵における位置情報となる。すなわち，これらのタンパク質は他の遺伝子の発現を調節する　❷　として働き，このタンパク質の濃度勾配に従って前部から後部にかけて異なる遺伝子が発現し，　❸　軸が形成される。

B☑ 次の文章の空欄❹〜❼に適する語句を入れよ。

　　ショウジョウバエの胚の❸軸に沿って正しく体節を形成させる遺伝子群は　❹　遺伝子群と総称され，大きく3つに分類される。

　　　❺　遺伝子群……❸軸に沿って発現し，体を大まかな領域に分ける。

　　　❻　遺伝子群……7本のしま状に発現する。

　　　❼　遺伝子群……14本のしま状に発現する。14体節の区分がほぼ決定する。

A☑ 次の文章の空欄❽〜❿に適する語句を入れよ。

　　各体節は　❽　遺伝子群とよばれる調節遺伝子が働くことにより，特有の形態へと変化していく。ショウジョウバエの体の一部が別の部分に置き換わるような突然変異を❽突然変異といい，❽遺伝子群の変異によって起こる。例えば，触角の位置に　❾　が形成されるアンテナペディア突然変異体や，胸の第3体節が第2体節におきかわり2対の翅（4枚の翅）をもつ　❿　突然変異体などがある。

出るポイント

- 母性効果因子であるビコイド mRNA，ナノス mRNA はそれぞれ卵の前部，後部に局在している。
- ビコイドタンパク質，ナノスタンパク質が濃度勾配を 形成して分布する。これらのタンパク質の働きにより， 胚の**前後軸**が形成される。
- 3種の分節遺伝子群（ギャップ遺伝子群，ペアルール 遺伝子群，セグメントポラリティー遺伝子群）が順に 発現することで，体節が正しく形成される。
- 各体節はホメオティック遺伝子群が働くことにより， 特有の形態へと変化していく。

解 説：体節構造の形成に関与する遺伝子の働き

母性効果因子 （濃度勾配を形成し，
前後軸を決定する）

ギャップ遺伝子群 （胚をおおまかに領域化する）

ペアルール遺伝子群 （胚をより細かく区分する）

セグメントポラリティー遺伝子群
（体節を形成する）

ホメオティック遺伝子群
（各体節の個性化を行う）

解 答

❶ 母性（効果） ❷ 調節タンパク質 ❸ 前後 ❹ 分節
❺ ギャップ ❻ ペアルール ❼ セグメントポラリティー
❽ ホメオティック ❾ 脚 ❿ （ウルトラ）バイソラックス

テーマ 75 細胞の分化と全能性

C☑ 次の文章の空欄**❶**〜**❺**に適する語句を入れよ。

　　ガードンは，アフリカツメガエルの未受精卵に　**❶**　を照射して核を不活性化し，この卵にオタマジャクシの　**❷**　の上皮細胞の核を移植して培養した。すると，一部のものが正常に発生した。この結果から，「　**❸**　した細胞の核でも受精卵と同様に，発生に必要なすべての遺伝子をもつ」ことが示された。このように，ある細胞がすべての種類の細胞に分化して完全な個体を形成する能力を　**❹**　という。

　　なお，核の移植を受けた卵から発生した個体の形質は，核を提供した個体の形質とまったく同じであった。このような個体を　**❺**　という。

C☑ 次の図は，核移植によるヒツジの**❺**の作成法を示したものである。下の**❻**の｛　　｝内から正しいものを選べ。

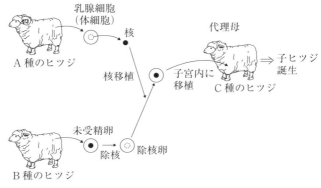

　　誕生した子ヒツジは**❻**｛a　A種　　b　B種　　c　C種｝のヒツジとまったく同じ遺伝子をもつ**❺**ヒツジである。

出るポイント

- 分化した細胞の核でも受精卵と同様に発生に必要な**全遺伝子をもつ**。
- 細胞が分化する過程で，核内の遺伝子が変化したり，捨て去られたりすることはない。
- ある細胞がすべての種類の細胞に分化する能力を全能性（ぜんのうせい）という。

解　説 : ガードンの実験

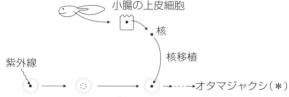

小腸の上皮細胞
核
核移植

紫外線
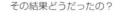 
→……→オタマジャクシ（＊）
未受精卵　　除核卵

この実験で生じたオタマジャクシ（＊）は，核を提供した個体とまったく同じ形質（クローン）である。

ガードンは，いろいろな発生段階にある胚の細胞から取り出した核の移植実験をやったんだ

その結果どうだったの？

取り出した核の発生段階が遅くなるほど成功率が低くなったんだよ

なんで，そうなったの？

発生が進むにつれて，細胞内のゲノム中の全能性の維持に関わる遺伝子が制御を受けたためと考えられているよ

解　答

❶ 紫外線　**❷** 小腸　**❸** 分化　**❹** 全能性　**❺** クローン
❻ a

76 | # ES 細胞と iPS 細胞

A▢ **❶** 分化する能力と増殖する能力の両方をもつ未分化な細胞を何というか。

B▢ **❷** ❶がもつ能力で，未分化な状態を保ったまま増殖する能力を何というか。

A▢ **❸** ヒトの❶の例として，骨髄にあり，すべての血液系細胞に分化することができる細胞を何というか。

A▢ **❹** 受精卵のように，あらゆる種類の細胞に分化して完全な個体を形成する能力を何というか。

A▢ **❺** さまざまな種類の細胞に分化することができる能力を何というか。

A▢ **❻** 哺乳類の発生過程において，両生類の**胞胚**に相当する胚を何というか。

A▢ 次の文章の空欄❼〜⓫に適する語句を入れよ。

　　哺乳類の❻の内部にあり，将来胎児になる部分である　 **❼** 　の細胞を取り出してつくられた，さまざまな細胞に分化する能力をもちながら分裂能力をもつ培養細胞を　 **❽** 　という。❽はさまざまな組織や器官に分化させることができるので，　 **❾** 　医療への応用が期待された。しかし，❽は胚からしか得られないため，ヒトへの応用には　 **❿** 　的な問題が指摘された。また，他人の細胞を移植することによる　 **⓫** 　反応の問題もあった。

A▢ 次の文章の空欄⓬に適する語句を入れよ。

　　山中伸弥らはマウスの皮膚の細胞に**4つの遺伝子を導**入し，さまざまな細胞に分化する能力をもつ細胞を作製した。この細胞を　 **⓬** 　という。⓬は胚を使わなくても得られ，患者本人の体細胞を用いることができるので，❿的な問題と⓫反応の問題を回避することができる。

出るポイント

- あらゆる種類の細胞に分化して，**完全な個体を形成する能力**を全能性という。
- さまざまな種類の細胞に分化する能力を多能性という。
- 哺乳類の胚盤胞の内部細胞塊からつくられた**多能性（多分化能）と自己複製能をもつ培養細胞**を ES 細胞（胚性幹細胞）という。
- ES 細胞は胚からしかつくれないので，再生医療への応用には倫理的な問題点がある。また，患者本人の細胞からつくることはできないので，拒絶反応が起こる。
- 哺乳類の体細胞に４つの初期化遺伝子を導入することで得られる多能性（多分化能）をもつ細胞を iPS 細胞（人工多能性幹細胞）という。
- iPS 細胞は胚患者本人の体細胞から作製できるので，**倫理的な問題**と**拒絶反応**の問題を回避できる。

解　説：ES 細胞と iPS 細胞

	由来	分化能	移植時の拒絶反応	倫理上の問題	がん発生の危険性
ES 細胞	胚盤胞の内部細胞塊からつくられる（哺乳類）。	全能性	あり	あり	あり
iPS 細胞	体細胞に初期化遺伝子を導入してつくられる。	多能性	自身の細胞に由来するものであればなし	ほぼなし	あり

解　答

❶　幹細胞　　❷　自己複製能　　❸　造血幹細胞　　❹　全能性

❺　多能性〔多分化能〕　　❻　胚盤胞　　❼　内部細胞塊

❽　ES 細胞〔胚性幹細胞〕　　❾　再生　　❿　倫理　　⓫　拒絶

⓬　iPS 細胞〔人工多能性幹細胞〕

遺伝子組換え

A☐ **❶** ある生物の特定の遺伝子を別の生物の DNA 内につなぎ込んで，新しい遺伝子の組合せをつくることを何というか。

A☐ **❷** DNA の特定の塩基配列を認識して**切断する酵素**を何というか。

A☐ **❸** DNA 断片のリン酸基と糖を結合して，DNA 鎖を**つなぎ合わせる酵素**を何というか。

A☐ 次の文章の空欄❹～❻に適語を入れよ。

❶では，目的の遺伝子を ☐**❹** とよばれる**遺伝子の運び手**の DNA に組み込ませて細胞に導入することが多い。❹に使われるのは，導入される細胞が細菌の場合では ☐**❺** とよばれる小型の環状 DNA が，植物細胞の場合では ☐**❻** とよばれる土壌細菌がよく用いられる。

A☐ 次の文章の**❼**の｛ ｝内から正しいものを選べ。

大腸菌にヒトのインスリン遺伝子を導入するには，まずヒトの DNA を❷で切断し，インスリン遺伝子を含む DNA 断片をつくる。この❷と**❼**｛a 同じ b 異なる｝❷を用いて，大腸菌の❺を切断する。これらを❸を用いてつなぎ合わせることで，**組換え DNA** ができる。これを大腸菌に取り込ませ，大腸菌を増殖させると，増殖した大腸菌から多量のインスリンが得られる。

A☐ **❽** 外来の遺伝子が導入され，その組換え遺伝子が体内で発現するようになった生物を何というか。

A☐ 次の文章の空欄❾・❿に適語を入れよ。

DNA の特定の塩基配列を認識して切断するように設計された酵素を用いて，目的の遺伝子を改変する技術を ☐**❾** という。このように酵素を用いて，DNA の塩基配列を狙った位置で切断することにより，☐**❿** を誘発させて目的の遺伝子の機能を失わせたり，切断部位に外来遺伝子を導入させたりすることができる。

第7節

第8節

第9節

第10節

第11節

第12節

出るポイント

- 制限酵素は特定の塩基配列を認識して DNA を切断する「はさみ」。
- DNA リガーゼは DNA 断片を結合させる「のり」。
- 細菌に遺伝子を導入する場合, **小型の環状 DNA である**プラスミドを用いる場合が多い。
- ゲノム編集では, DNA の目的の場所を切断し, そこに外来の遺伝子を導入することができる。

解　説：遺伝子組換えの方法

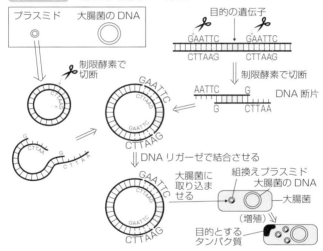

解　答

❶ 遺伝子組換え　❷ 制限酵素　❸ DNA リガーゼ
❹ ベクター　❺ プラスミド　❻ アグロバクテリウム　❼ a
❽ トランスジェニック生物　❾ ゲノム編集　❿ 突然変異

78 PCR法

A☐❶ マリスによって開発された，試験管内で**特定のDNAの領域**を短時間で**多量に増やす**方法を何というか。

A☐❷ ❶において，DNAのヌクレオチド鎖を伸長させるときの**出発点となる短いヌクレオチド鎖**を何というか。

A☐ 次の文章の❸の｜ ｜内から正しいものを選び，空欄❹・❺に適語や数値を入れよ。

❶は次の手順で進められる。まず，増幅させたいDNA，❷，DNAポリメラーゼ，4種類の塩基のヌクレオチドを試験管の中に入れる。❷は増幅させたいDNA領域の2本の鎖のそれぞれ❸｜a 3′末端　b 5′末端｜に結合させるので，　❹　種類必要となる。また，DNAポリメラーゼは　❺　性のものを用いる。

試験管内の反応液の**温度を3段階に変化させる**と，それぞれ次のような反応が起こる。

　❻　：DNAの二本鎖間の結合が切れて，一本鎖のDNAになる。

　❼　：増幅したい領域の3′末端に❷を結合させる。

　❽　：DNAポリメラーゼの働きにより，❷に続くヌクレオチド鎖を合成させる。

A☐ 上記の　❻　～　❽　の反応は，60℃，72℃，95℃のいずれの温度で行われるのか答えよ。

DNAは高温にすると塩基どうしの水素結合が切れて一本鎖になるよ

DNAが複製するとき，ヌクレオチド鎖は5′末端→3′末端の方向へ伸長するんだったよね

出るポイント

- 反応液を95℃の高温にし，DNA の二本鎖を一本鎖に分ける。このため，DNA ポリメラーゼは95℃でも失活しない**耐熱性**のものを用いる。
- 増幅したい領域の鋳型 DNA の**3′ 末端側**の塩基配列に相補的なプライマーを用意し（2種類必要），反応液を60℃にすることでプライマーを鋳型 DNA に結合させる。
- 反応液を72℃にすることで，DNA ポリメラーゼの働きにより，**新しいヌクレオチド鎖が合成**される。

解　説：PCR 法のしくみ

増幅したい領域

95℃→　水素結合が切れて一本鎖に分かれる。

プライマー
60℃→　プライマーを結合させる。

72℃→　DNAポリメラーゼの働きにより，ヌクレオチド鎖を合成する。

ここまでで 1 サイクル。この過程を繰り返す。

はじめは目的の領域（増幅したい領域）以外の部分も複製されてしまうけど，3サイクル目には目的の領域だけの DNA がつくられるよ

目的の領域　3サイクル →→→

3サイクル以降は目的の領域だけの DNA の割合が大きくなるので，目的以外の領域を含むものは無視できる程度の割合になるよ

解　答

❶ PCR 法（ポリメラーゼ連鎖反応）　❷ プライマー　❸ a
❹ 2　❺ 耐熱　❻ 95℃　❼ 60℃　❽ 72℃

バイオテクノロジー

A☐ 次の文章の❶・❷・❹の｜　　｜内から正しいものを選び、空欄❸・❺・❻に適語を入れよ。

　　DNA は❶｜a　正　　b　負｜の電荷を帯びているので、電圧をかけると❷｜a　＋極　　b　−極｜の方向へ移動する。このような現象を用いて DNA を分離する方法を　❸　という。このとき、塩基数の少ない（短い）DNA 断片は、長い断片よりも❹｜a　速く　　b　遅く｜移動するので、この性質を利用して、一定時間の　❺　から DNA 断片の長さ（塩基数）を推定することができる。

　　❸は下図のような装置で、寒天ゲル中のくぼみに試料（DNA 断片）を入れ、電圧を加えて移動させたあと、ゲルを DNA 染色液で染めると、DNA 断片が短い帯（これを　❻　とよぶ）として染色されるので、この位置から❺を測定できる。したがって、長さ（塩基対数）が不明の DNA 断片と、長さが既知のさまざまな DNA 断片（マーカー）に同時に電圧をかけると、その❺から不明の DNA 断片の塩基対数を推定することができる。

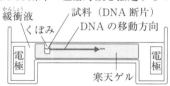

緩衝液　　　試料（DNA 断片）
くぼみ　　　DNA の移動方向
電極　　　　　　　　　　電極
寒天ゲル

A☐ 次の文章の空欄❼〜❾に適語を入れよ。

　　特定の遺伝子を発現しないようにすることを遺伝子の　❼　といい、この技術によって作製されたマウスは　❽　とよばれる。❽は機能が明らかでない遺伝子の研究に頻繁に利用されている。

　　同じ種であってもゲノムには個人差がある。これを判別する方法の１つにゲノム中の**反復配列の繰り返しの回数**を調べる方法があり、これを　❾　という。❾により、個人の識別や血縁関係の判断ができる。

出るポイント

- **DNA は，ヌクレオチドを構成するリン酸が電離して いるので，負に帯電している。**このため，電圧をかけ ると **+極の方向へ移動**する。この現象を用いて DNA を分離する方法を電気泳動法という。
- 塩基対数の**少ない（短い）DNA 断片**は，多い（長い） DNA 断片よりも**移動速度が大きい**ので，移動距離か ら DNA 断片の長さ（塩基対数）を推定できる。
- 長さが既知の DNA 断片（マーカー）と平行して同時 に電気泳動を行うことで，調べたい DNA 断片の塩基 対数を求めることができる。

解　説：電気泳動法の結果と塩基対数の求め方

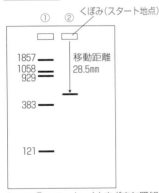

レーン①：マーカー（さまざまな既知 の長さのDNA断片）
レーン②：調べたい DNA 断片

マーカーのグラフを用いて，調 べたい DNA 断片の塩基対数は 約 500 塩基対と推定できる。

解　答

❶ b　❷ a　❸ 電気泳動（法）　❹ a　❺ 移動距離

❻ バンド　❼ ノックアウト　❽ ノックアウトマウス

❾ DNA 型鑑定

刺激の受容

A▢ ❶ 眼，耳などの外界からの刺激を受け取る器官を何というか。

A▢ ❷ 眼では光，耳では音のように，それぞれの❶が受容できる刺激は決まっている。この刺激を何というか。

A▢ ❸ 気体の化学物質を❷として受容する器官（構造）は何か。

A▢ ❹ 液体の化学物質を❷として受容する器官（構造）は何か。

A▢ ❺ 筋肉などの刺激に対して反応する器官を何というか。

A▢ 次の文章の空欄❻～❽に適語を入れよ。

❶と❺を結びつけていて，それらの連絡に働いているのが神経系である。神経系のうち，**情報の統合処理を行い，適切な命令を下す役割**を行っているものを ❻ 神経系といい， ❼ や ❽ がこれにあたる。

A▢ 神経細胞はニューロンとよばれる。下図の❾・❿に適するニューロンの名称を答えよ。

刺激 → ❶ ── ❾ ── ❻ 神経系 ── ❿ ── ❺ → 反応や行動
神経系

A▢ ⓫ ❻神経系を構成するニューロンの名称を答えよ。

A▢ 次の文章の空欄⓬・⓭に適語を入れよ。

❾は体の周辺部から❼や❽などの中心へ向かう神経で， ⓬ 性神経とよばれる。また，❿は❻神経系から体の周辺部の❺へと情報を伝える神経で， ⓭ 性神経とよばれる。

出るポイント

- 外界からの刺激を受け取る器官が受容器，刺激に対して反応を起こす器官が効果器である。
- 受容器と効果器を結びつけているのが神経系で，**両者の連絡に働いている**。
- 神経系のうち，情報の統合処理を行うのが中枢神経系で，脳や脊髄がこれにあたる。
- 受容器で受け取られた刺激の情報は，感覚ニューロンによって中枢神経系に伝えられ，そこで処理されたのち，効果器に伝えられ，刺激に応じた反応や行動が起こる。

解　説：ヒトの受容器と適刺激

受容器		適刺激
眼	網膜	光
耳	うずまき管	音
耳	前庭	体の傾き
耳	半規管	体の回転
鼻	嗅上皮	気体の化学物質
舌	味覚芽（味蕾）	液体の化学物質

この他に，皮膚には圧力，温度などを受け取る受容器（圧点，痛点，温点，冷点）があるよ

解　答

❶ 受容器〔感覚器〕　❷ 適刺激　❸ 鼻〔嗅覚器，嗅上皮〕
❹ 舌〔味覚器，味覚芽，味蕾〕　❺ 効果器〔作動体〕　❻ 中枢
❼・❽ 脳・脊髄　❾ 感覚ニューロン　❿ 運動ニューロン
⓫ 介在ニューロン　⓬ 求心　⓭ 遠心

第9節　動物の反応と行動　171

A☐ 次の図1はヒトの眼の水平断面図である。図中の**❶**～**❾**の名称を答えよ。

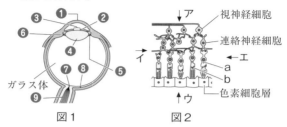

図1　　　　　図2

A☐ **❿** 図1は右眼，左眼どちらの断面図か。

A☐ **⓫** 網膜の中で視細胞が分布していない部分を何というか。

A☐ **⓬** 図2は網膜の一部を拡大した図である。光はどの方向からくるか。図2のア～エから選べ。

A☐ **⓭** 図2のa，bで示した視細胞の名称を答えよ。

A☐ 遠近調節について述べた次の文章の**⓮**～**⓱**の｜　｜内から正しいものを選べ。

　　近くを見るときには，**❻**の筋肉が**⓮**｜a 収縮　b 弛緩｜し，**❺**が**⓯**｜a 緊張する　b ゆるむ｜。すると，**❹**の厚さが**⓰**｜a 厚くなり　b 薄くなり｜，**❹**の焦点距離が**⓱**｜a 長くなって　b 短くなって｜，近くが見えるようになる。遠くを見るときはこの逆のことが起こる。

A☐ 光量調節について述べた次の文章の空欄**⓲**・**⓳**に適語を入れよ。

　　眼に入る光量は，**❷**にある筋肉の働きによって**❸**の大きさを変えることで調節される。明所では，　**⓲**　とよばれる**環状の筋肉**が収縮することで**❸**が縮小し，暗所では，　**⓳**　とよばれる**放射状の筋肉**が収縮することで**❸**が拡大する。

第7節

第8節

第9節

第10節

第11節

第12節

出るポイント

- ●ヒトの眼の構造はカメラに似ており、水晶体はレンズに、虹彩はしぼりに、網膜はフィルムに相当する。
- ●光は網膜の奥にある視細胞で受容されると、その情報はガラス体側につながっている連絡神経細胞を経由して視神経細胞に伝えられる。
- ●網膜に分布している視神経細胞の軸索（視神経繊維）は1か所に集まって束になる。
- ●盲斑は視神経繊維が束になって網膜を貫いている部分で、視細胞が存在しないので、ここに結ばれる像は見えない。
- ●眼に入る光量は虹彩の2種類の筋肉によって調節され、環状の瞳孔括約筋の収縮で瞳孔が小さくなり、放射状の瞳孔散大筋の収縮で瞳孔が大きくなる。

解説：眼の遠近調節

	毛様筋	チン小帯	水晶体	焦点距離
近くを見るとき	収縮	ゆるむ	厚くなる	短くなる
遠くを見るとき	弛緩	緊張	薄くなる	長くなる

※毛様筋は毛様体の筋肉

近くを見るとき　　　　　　遠くを見るとき

水晶体
チン小帯
毛様体

水晶体　チン小帯
毛様体

解答

① 角膜　② 虹彩　③ 瞳孔　④ 水晶体　⑤ チン小帯
⑥ 毛様体　⑦ 盲斑　⑧ 黄斑　⑨ 視神経　⑩ 右眼
⑪ 盲斑　⑫ ア　⑬ a 錐体細胞　b 桿体細胞　⑭ a
⑮ b　⑯ a　⑰ b　⑱ 瞳孔括約筋　⑲ 瞳孔散大筋

眼の働きとしくみ

A☐ ❶ 　下図は右眼における網膜上の錐体細胞と桿体細胞の分布を示したものである。このうち，錐体細胞はa，bのどちらか。

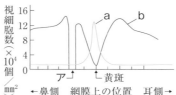

A☐ ❷ 　上図のアの部位は何とよばれているか。

A☐ 　次の文章の空欄❸〜❽に適語を入れよ。

　　　錐体細胞は ❸ 錐体細胞， ❹ 錐体細胞， ❺ 錐体細胞の3種類があり，それぞれよく吸収する光の波長が異なる。この3種類の細胞がそれぞれどの程度光を吸収したかにより， ❻ を認識する。また，錐体細胞は感度が ❼ く，弱い光では興奮しないので，明所でのみ働く。

　　　桿体細胞は感度が ❽ く，薄暗いところでも働く。❻を認識できないが，明暗を受容する。

A☐ ❾ 　暗い所から急に明るい所へ出ると，**最初はまぶしくて見えにくい**が，やがて見えるようになる。この現象を何というか。

A☐ ❿ 　明るい所から急に暗い所へ入ると，**最初は何も見えない**が，しばらくすると見えるようになる。この現象を何というか。

A☐ ⓫ 　下図は❿の現象における感度変化の様子を示したものである。ア・イの変化に関与している視細胞をそれぞれ答えよ。

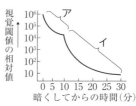

第7節

第8節

第9節

第10節

第11節

第12節

出るポイント

- 錐体細胞は網膜の黄斑部（おうはん）に集中的に分布している。
- 桿体細胞は黄斑部にはなく，**黄斑の周辺部に多く分布**している。
- 錐体細胞には青錐体細胞，緑錐体細胞，赤錐体細胞の3種類があり，それぞれよく吸収する光の波長が異なっている。
- 暗順応では，はじめは錐体細胞の感度変化に，しばらくすると桿体細胞の感度変化に従うため，2段階の感度変化がみられる。

解　説：錐体細胞と桿体細胞の比較

	働き	感度	分布	形
錐体細胞	色の違いを受容	低い	黄斑部	
桿体細胞	明暗を受容	高い	黄斑の周辺部	

桿体細胞が光を受容するしくみ

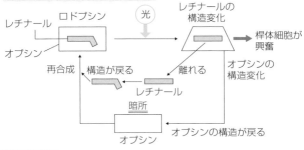

解　答

1 a　**2** 盲斑　**3**・**4**・**5** 青・緑・赤　**6** 色　**7** 低

8 高　**9** 明順応　**10** 暗順応　**11**ア 錐体細胞　イ 桿体細胞

テーマ 83 | 聴　覚

A☑　次の図はヒトの耳の構造を模式的に示したものである。図中の❶〜❼の名称を答えよ。

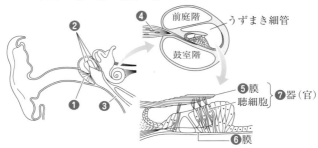

A☑　聴覚について述べた次の文章の空欄❽〜⓯に適語を入れよ。

　　音波は空気の振動であり，外耳道を通って伝わってきた音波は　❽　を振動させる。その振動は　❾　で増幅されて内耳のうずまき管に伝えられる。うずまき管は　❿　液で満たされており，❿液の振動はうずまき管内の　⓫　膜を振動させる。

　　⓫膜には聴細胞と　⓬　膜からなる　⓭　器（官）があり，⓫膜の振動により，**聴細胞の感覚毛が⓬膜と触れて曲がる**と聴細胞に興奮が生じる。この興奮が　⓮　神経によって　⓯　の聴覚中枢に伝わると，聴覚が生じる。

A☑　音の高低を識別するしくみについて述べた次の文章の⓰〜⓳の｜　｜内から正しいものを選べ。

　　音の高低は音波の振動数の違いによる。⓫膜の幅はうずまき管の入口では⓰｜a　広く　b　狭く｜，先端部に向かって⓱｜a　広く　b　狭く｜なっている。音波の振動数により振動する⓫膜の位置が異なり，振動数の大きい高音ほどうずまき管の⓲｜a　入口　b　先端｜側の，振動数の小さい低音ほど⓳｜a　入口　b　先端｜側の⓫膜を大きく振動させる。このように，⓫膜の振動する位置の違いにより，音の高低が識別される。

出るポイント

- ●聴覚器官である耳は外耳，中耳，内耳の3つの部分からなる。
- ●耳管は鼓膜内外の気圧を一定に保つ役割をしている。
- ●音波は鼓膜を振動させ，その振動が耳小骨によって増幅されてうずまき管に伝えられる。
- ●うずまき管内の**基底膜の振動**により，**聴細胞の感覚毛がおおい膜に接触する**と聴細胞が興奮する。
- ●音の高低は**基底膜の振動する位置の違い**により識別される。高音はうずまき管の入り口側，低音は先端側の基底膜をよく振動させる。

解 説：音の高低を識別するしくみ

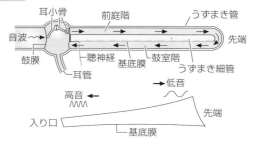

年をとると，うずまき管の入り口側の
聴細胞の数が減るんだって

だから，高音が聞こえ
にくくなるんだね

解 答

❶ 鼓膜　❷ 耳小骨　❸ 耳管〔エウスタキオ管，ユースタキー管〕　❹ 聴神経　❺ おおい　❻ 基底　❼ コルチ　❽ 鼓膜　❾ 耳小骨　❿ リンパ　⓫ 基底　⓬ おおい　⓭ コルチ　⓮ 聴　⓯ 大脳　⓰ b　⓱ a　⓲ a　⓳ b

第9節　動物の反応と行動　177

いろいろな受容器

A▢ **❶** ヒトの耳にある平衡感覚器で，**体の傾きを受容する器官**を何というか。

A▢ **❷** ❶は下の図1のa～dのうちどれか。

A▢ 体の傾きを感じるしくみについて述べた次の文章の空欄**❸・❹**に適語を入れよ。

❶の内部には感覚毛をもった感覚細胞があり，その上に **❸** がのっている。**体が傾くと❸がずれて感覚毛が傾く**（曲がる）ので，それによって感覚細胞が **❹** の方向とその変化，つまり体の傾きを感知する。

A▢ **❺** ヒトの耳にある平衡受容器で，**体の回転を受容する器官**を何というか。

A▢ **❻** ❺は下の図1のa～dのうちどれか。

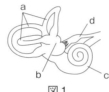

図1

C▢ 化学受容器について述べた次の文章の空欄**❼～⓭**に適語を入れよ。

口に入った液体の化学物質を受容する受容器を **❼** という。舌の **❽** 細胞が化学物質によって興奮し，それが神経によって中枢に伝わると❽覚が生じる。❽覚には甘味，苦味， **❾** ， **❿** ，うま味の5つがある。

空気中の化学物質を受容する受容器を **⓫** という。鼻腔の奥の **⓬** に並んでいる嗅細胞が化学物質によって興奮し，それが神経によって中枢に伝わると **⓭** 覚が生じる。

出るポイント

- 耳には平衡感覚器である前庭と半規管がある。
- 前庭では，耳石（平衡石）のずれにより体の傾きを感じる。
- **3つの半規管が互いに直交している。** 内部には**リンパ液**が存在し，基部には**感覚毛**をもった感覚細胞がある。
- 体が回転すると半規管内のリンパ液に動きが生じ，感覚毛が刺激されて，回転の方向や速さを感知する。
- 舌の味覚芽（味蕾）にある味細胞で液体の化学物質を受容し，味覚を生じる。
- 鼻の嗅上皮の嗅細胞で空気中の化学物質を受容し，嗅覚を生じる。

解 説：体の傾きや回転を感じるしくみ

前庭

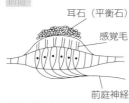

耳石（平衡石）
感覚毛
前庭神経

頭部が傾く

耳石がずれて，
感覚毛が曲がる。

半規管

静止状態

リンパ液
感覚毛
感覚細胞
前庭神経

感覚毛は
まっすぐに
なっている。

回転始め

リンパ液の
動き

回転し始めると，リンパ液は慣性によりその位置にとどまろうとするので感覚毛が倒れる。

ストップ

止

リンパ液の
動き

回転を止めると，リンパ液は慣性により動き続けようとするので，感覚毛が倒れる（回転が続いているように感じる）。

解 答

❶ 前庭 ❷ b ❸ 耳石〔平衡石〕 ❹ 重力 ❺ 半規管 ❻ a ❼ 味覚器〔味覚芽，味蕾〕 ❽ 味 ❾・❿ 塩味・酸味 ⓫ 嗅覚器 ⓬ 嗅上皮 ⓭ 嗅

A☐ 　神経細胞（ニューロン）の構造について述べた次の文章
　　の空欄❶・❷・❹に適語を入れ，❸・❺の｜　｜内から
　　正しいものを選べ。

　　　神経細胞はニューロンとよばれ，核のある　❶　とそ
　　こから伸びる多数の突起からなる。短く枝分かれした突
　　起は　❷　とよばれ，信号を❸｜a　受け取る　b　伝え
　　る｜。また，長く伸びた突起は　❹　とよばれ，信号を
　　❺｜a　受け取る　b　伝える｜。

A☐❻　ニューロンの❹をおおっているシュワン細胞でできた
　　被膜を何というか。

A☐❼　シュワン細胞が❹に何重にも巻きついてできた構造を
　　何というか。

A☐❽　❹と❻を合わせて神経繊維という。❼をもつ神経繊維
　　を何というか。

A☐❾　❽にはところどころ❼が**切れてくびれている部分**があ
　　る。この部分を何というか。

A☐❿　❽をもつ動物は次のa〜cのうちどれか。
　　　a　脊椎動物のみ
　　　b　脊椎動物と一部の無脊椎動物
　　　c　無脊椎動物のみ

C☐⓫　中枢神経系において，ニューロンの❹を包んでいる細
　　胞を何というか。

A☐⓬　シュワン細胞や⓫のようなニューロンを支持したり，
　　栄養分を与えたりする細胞を何というか。

たくさんの用語が出
てきて，混乱しそう

用語の意味を正しく理解して
覚えよう

第7節

第8節

第9節

第10節

第11節

第12節

出るポイント

- ●ニューロンは細胞体, 樹状突起, 軸索からなる。
- ●樹状突起は他の細胞から信号を受け取る**入力側**で, 軸索は他の細胞に信号を伝える**出力側**である。
- ●軸索をおおう円筒状の細胞をシュワン細胞といい, シュワン細胞でできた薄い膜 (被膜) を神経鞘という。
- ●シュワン細胞の細胞膜が軸索に**何重にも巻きついた構造**を髄鞘という。
- ●ニューロンを支持したり, 栄養分を与えたりする細胞をグリア細胞といい, シュワン細胞やオリゴデンドロサイトなどがある。

解 説：ニューロンの種類と構造

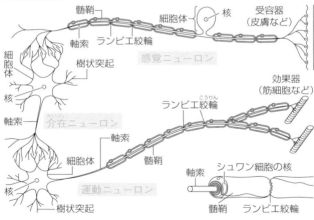

解 答

❶ 細胞体 ❷ 樹状突起 ❸ a ❹ 軸索 ❺ b ❻ 神経鞘 ❼ 髄鞘 ❽ 有髄神経繊維 ❾ ランビエ絞輪 ❿ a ⓫ オリゴデンドロサイト ⓬ グリア細胞

A☐ **❶** ニューロンの細胞膜の外側を基準（0mV）としたときの，内側の電位を何というか。

A☐ **❷** 静止状態における**❶**を何というか。

A☐ **❸** **❷**の値はおよそどれくらいか。次のa～cから選べ。

a －60mV　　b ＋40mV　　c ＋100mV

A☐ **❷**が生じるしくみについて述べた次の文章の空欄**❹**・**❼**・**❽**に適語を入れ，**❺**・**❻**・**❾**～**⓫**の｜　｜内から正しいものを選べ。

　　ニューロンの細胞膜に存在する　**❹**　が，ATPのエネルギーを利用して，Na^+を**❺**｜a 取り込み　b 排出｜し，K^+を**❻**｜a 取り込んで　b 排出して｜いる。静止時では，細胞膜に存在する　**❼**　チャネルは閉じており，　**❽**　チャネルは一部が開いている。**❽**チャネルを通して，**❾**｜a Na^+　b K^+｜が細胞膜の**❿**｜a 外から内へ　b 内から外へ｜と移動するため，外側の電位が**⓫**｜a 正　b 負｜となる。

A☐ **⓬** ニューロンに閾値以上の刺激を加えると，細胞内外の電位が瞬間的に逆転してもとに戻る。この一連の電位変化を何というか。

A☐ **⓭** 静止状態から**⓬**が生じた状態になることを何というか。

A☐ **⓬**が生じるしくみについて述べた次の文章の空欄**⓮**・**⓱**に適語を入れ，**⓯**・**⓰**・**⓲**の｜　｜内から正しいものを選べ。

　　刺激を受けるとすぐに　**⓮**　チャネルが開いて，**⓮**が**⓯**｜a 流入　b 流出｜して細胞内外の電位が逆転し，内側が**⓰**｜a 正　b 負｜となる。**⓮**チャネルはすぐに閉じるが，それに少し遅れて　**⓱**　チャネルが開き，**⓱**が**⓲**｜a 流入　b 流出｜して電位がもとに戻る。

出るポイント

●ナトリウムポンプにより，細胞膜の**外側に Na⁺が多く，内側に K⁺が多くなる**。静止状態では，Na⁺チャネルは閉じているが，一部の K⁺チャネル（電位非依存症 K⁺チャネル）が開いており，**K⁺が流出**し，外側が正（＋），内側が負（－）の静止電位になる（下図(a)）。

●刺激により**電位依存性 Na⁺チャネルが開き，Na⁺が流入する**。これにより膜内外の電位が逆転する（下図(b)）。

●Na⁺チャネルはすぐに閉じ，Na⁺チャネルに少し遅れて電位依存性 K⁺チャネルが開き，K⁺が流出する。これによって，膜電位がもとに戻る（下図(c)）。

解 説：静止電位と活動電位が生じるしくみ

(a)

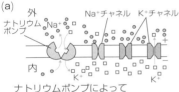

ナトリウムポンプによって Na⁺が排出され，K⁺が取り込まれる。

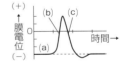

(b)

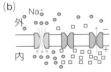

Na⁺チャネルが開き，Na⁺が流入する。

(c)

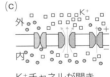

K⁺チャネルが開き，K⁺が流出する。

解 答

❶ 膜電位 ❷ 静止電位 ❸ a ❹ ナトリウムポンプ
❺ b ❻ a ❼ Na⁺ ❽ K⁺ ❾ b ❿ b ⓫ a
⓬ 活動電位 ⓭ 興奮 ⓮ （電位依存性）Na⁺ ⓯ a
⓰ a ⓱ （電位依存性）K⁺ ⓲ b

A☑ **❶** ニューロンが刺激を受けて興奮すると，興奮部と隣接する静止部の間で電流が流れる。この電流を何というか。

A☑ 次の文の**❷・❸**の｜　｜内から正しいものを選べ。

　　❶は，細胞内では**❷**｜a 興奮部から静止部　b 静止部から興奮部｜へ，細胞外では**❸**｜a 興奮部から静止部　b 静止部から興奮部｜へと流れる。

A☑ 次の文章の空欄**❹**に適語を入れ，**❺**の｜　｜内から正しいものを選べ。

　　❶が刺激となって，隣接する静止部が興奮する。これが繰り返されて興奮が伝わっていく。このような興奮の伝わりを興奮の　**❹**　という。このため，ニューロンの軸索が刺激を受けて興奮すると，興奮は刺激部位から**❺**｜a 一方向　b 両方向｜に伝わる。

B☑ 次の文の**❻・❼**の｜　｜内から正しいものを選べ。

　　❹の速度は神経繊維が**❻**｜a 太い　b 細い｜ほど，また，温度が**❼**｜a 高い　b 低い｜ほど大きくなる。

A☑ 次の文章の空欄**❽**に適語を入れ，**❾**の｜　｜内から正しいものを選べ。

　　興奮が生じている部分では，すべての Na^+ チャネルが開いているので，しばらくの間，別の刺激が与えられても反応できない状態になる。この時期を　**❽**　という。このため，興奮は直前に興奮した部位に逆向きに**❾**｜a 伝わることができる　b 伝わることはない｜。

A☑ 次の文章の**❿**の｜　｜内から正しいものを選び，空欄**⓫**～**⓮**に適語を入れよ。

　　有髄神経繊維は無髄神経繊維に比べて興奮が伝わる速度が**❿**｜a 大きい　b 小さい｜。これは，軸索をおおっている　**⓫**　が電気的な　**⓬**　として働き，興奮が**⓫**の切れ目である　**⓭**　ごとに伝わる　**⓮**　が起こるためである。

第7節

第8節

第9節

第10節

第11節

第12節

出るポイント

- 細胞内での興奮の伝わりを伝導という。
- 興奮部と静止部との間に活動電流が流れ，静止部が興奮する。これが繰り返されて興奮が伝導されていく。
- 興奮の伝導速度は神経繊維が太いほど大きい。
- 興奮が終わった直後の部位はしばらく反応できない不応期となるので，**興奮は逆向きに伝わらない。**

解説：伝導のしくみと跳躍伝導

無髄神経繊維の伝導

次々に隣に伝わるよ

有髄神経繊維の伝導（跳躍伝導）

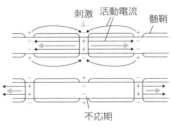

ランビエ絞輪ごとに伝わるよ

解答

❶ 活動電流　❷ a　❸ b　❹ 伝導　❺ b　❻ a
❼ a　❽ 不応期　❾ b　❿ a　⓫ 髄鞘　⓬ 絶縁体
⓭ ランビエ絞輪　⓮ 跳躍伝導

刺激の強さと感覚の強さ

A☑ **❶** ニューロンは，加えられる刺激の強さが一定以上でないと興奮しない。興奮が起こる最小限の刺激の強さを何というか。

A☑ **❷** ニューロンに加える刺激が❶以上であれば，刺激を強くしても生じる興奮の大きさは変化しない。このことを何というか。

A☑ 神経に加えた刺激の強さと反応の大きさの関係は下図のようになる。このしくみについて述べた次の文章の空欄❸・❹に適語を入れよ。

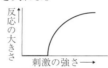

　神経は多数の　**❸**　の束からなる。ニューロンは❷に従うが，**個々のニューロンで❶が異なる**ため，神経に加える刺激が強くなるほど，❶に達して興奮するニューロンの　**❹**　が増加する。このため，すべてのニューロンが興奮するまでは**刺激が強くなるほど反応が大きくなる**。

A☑ 次の文章の空欄❺・❻に適語または記号を入れよ。

　個々のニューロンでは，刺激が強くなるほど興奮の　**❺**　が大きくなる。したがって，下のA・Bのうち，強い刺激を加えたときの反応は　**❻**　である。

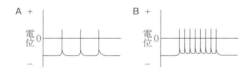

出るポイント

- ●ニューロンに興奮が生じる最小の刺激の強さを閾値という。
- ●ニューロンに閾値以上の刺激を加えた場合，刺激をいくら強くしても興奮（活動電位）の大きさは変わらない。これを**全か無かの法則**という。
- ●神経は**多数の神経繊維の束**であり，**個々のニューロンで閾値が異なる**。
- ●神経では，刺激が強くなるほど**興奮するニューロンの数が増加する**ため，刺激の強さに応じて反応の大きさが変化する。
- ●個々のニューロンでは，刺激が強くなると，**興奮の発生頻度**が大きくなる。
- ●刺激の強さは，興奮するニューロンの数とそこに発生する興奮の頻度の違いとして大脳へ伝えられる。

解　説 : 刺激の強さと反応の大きさ

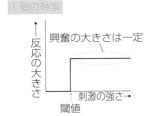

1個の軸索

興奮の大きさは一定

↑反応の大きさ

↑閾値　刺激の強さ→

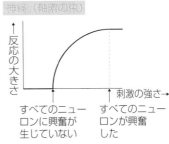

神経（軸索の束）

反応の大きさ

すべてのニューロンに興奮が生じていない　すべてのニューロンが興奮した

刺激の強さ→

解　答

❶　閾値　❷　全か無かの法則　❸　神経繊維〔軸索〕
❹　数〔割合〕　❺　発生頻度　❻　B

89 興奮の伝達

A☑ **①** 軸索の末端は、わずかなすき間を隔てて他のニューロンや効果器と接している。この接続部分を何というか。

B☑ **②** 軸索の末端を何というか。

B☑ **③** 運動神経の末端と筋細胞が接している**①**において、筋細胞側にみられる構造を何というか。

A☑ **①**での興奮の伝わりを伝達という。次の文章の空欄**④**～**⑥**・**⑧**に適語を入れ、**⑦**の｜　｜内から正しいものを選べ。

軸索末端に興奮が伝わると、末端部にある　**④**　から　**⑤**　物質が放出される。これが次のニューロンの　**⑥**　に結合することで、興奮を発生させる。このように、伝達は化学物質によって起こるので、**⑦**｜a　両方向　b　一方向｜に伝わる。

伝達を行った**⑤**物質は、**速やかに軸索側に回収されたり、酵素によって　⑧　されたりする**ので、次の興奮の伝達が可能になる。

B☑ **⑨** **⑤**物質のうち、隣接する細胞を興奮させるもの（興奮性の**⑤**物質）には何があるか、物質名を答えよ。

B☑ **⑩** **⑤**物質のうち、隣接する細胞を興奮させにくくするもの（抑制性の**⑤**物質）には何があるか、物質名を答えよ。

B☑ 次の文章の空欄**⑪**～**⑮**に適語を入れよ。

軸索の末端に興奮が達すると、電位依存性の　**⑪**　チャネルが開き、**⑪**が軸索内に流入すると**④**から**⑤**物質が放出される。興奮を受ける側の細胞には**⑥**となる**伝達物質依存性イオンチャネル**があり、**⑤**物質がこれに結合する。興奮性の**⑤**物質が結合するのは　**⑫**　チャネルであり、これが開くことで**⑫**が流入し、活動電位が発生する。このような活動電位を　**⑬**　という。抑制性の**⑤**物質が結合するのは　**⑭**　チャネルであり、これが開くことで**⑭**が細胞内に流入すると、**細胞内の電位が静止電位より低くなる**。このような電位を　**⑮**　という。これにより、**興奮の伝達を抑制する**。

出るポイント

- シナプスにおける興奮の伝わりを伝達といい，軸索末端から放出された神経伝達物質が次のニューロンの受容体に結合することで，興奮が伝えられる。
- 受容体は伝達物質依存性イオンチャネルであり，神経伝達物質の結合により開き，イオンが流入する。
- 神経伝達物質には，次のニューロンを興奮させる**興奮性**のものと，興奮させにくくする**抑制性**のものがある。
- 伝達は軸索末端側から次の細胞側への一方向性。

解　説：シナプス後電位の発生のしくみ

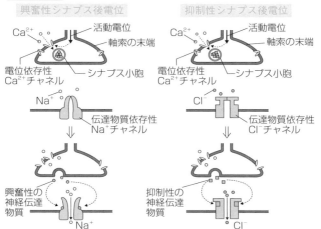

興奮性シナプス後電位　　　　　　抑制性シナプス後電位

解　答

❶ シナプス　❷ 神経終末　❸ 終板　❹ シナプス小胞
❺ 神経伝達　❻ 受容体　❼ b　❽ 分解　❾ アセチルコリン，グルタミン酸 など　❿ γ-アミノ酪酸〔GABA〕 など
⓫ Ca^{2+}　⓬ Na^+　⓭ 興奮性シナプス後電位〔EPSP〕
⓮ Cl^-　⓯ 抑制性シナプス後電位〔IPSP〕

A☐ 脊髄について述べた次の文章の空欄**❶**・**❺**〜**⓪**に適語を
入れ，**❷**〜**❹**の｜　｜内から正しいものを選べ。

脊髄は **❶** 骨の中を通る円柱状の構造で，**大脳とは
逆に**外側（皮質）が**❷**｜a　灰白質　b　白質｜で，内側
（髄質）が**❸**｜a　灰白質　b　白質｜となっている。皮質
には**❹**｜a　細胞体　b　神経繊維｜が束になって上下方
向に走っている。

脊髄から出る末梢神経は **❺** 神経とよばれ，左右か
ら**31対**の束が出ており，背側から出るものは **❻** を通
り，腹側から出るものは **❼** を通る。**❻**には **❽** 神
経が通っており，**❼**には **❾** 神経および **⓪** 神経が
通っている。

A☐ **⓫** **❻**において，**❽**神経の細胞体が集まった部分を何とい
うか。

A☐ 随意運動を行うときの興奮の伝達経路について述べた次
の文章の空欄**⓬**〜**⓰**に適語を入れよ。

受容器で生じた興奮は，感覚神経によって **⓬** を通
って脊髄の **⓭** に入る。ここでシナプスを経て **⓮**
神経に伝えられ，これが脊髄の **⓯** を通り，**大脳**の感
覚中枢に達する。大脳からの指令（興奮）は脊髄の**⓯**を
通って**⓭**に入る。ここでシナプスを経て運動神経に伝え
られ，**⓰** を通って効果器に送られる。

A☐ **⓱** 興奮の伝達経路において，脊髄と脳をつなぐ経路が左
右で交さしている部分はどこか。

出るポイント

- 脊髄は内側（髄質）が灰白質で，外側（皮質）が白質である。
- 脊髄から出る神経繊維の経路のうち，背側のものを背根，腹側のものを腹根という。
- 背根には**感覚神経**が，腹根には**運動神経**と**自律神経**が通っている。
- 脊髄は受容器と効果器を大脳とつないでおり，随意運動を行うときの興奮の伝達経路となっている。

解　説：興奮の伝達経路

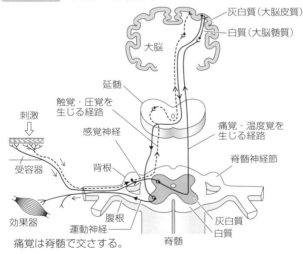

痛覚は脊髄で交さする。

解　答

❶ 脊椎　❷ b　❸ a　❹ b　❺ 脊髄　❻ 背根
❼ 腹根　❽ 感覚　❾・❿ 運動・自律　⓫ 脊髄神経節
⓬ 背根　⓭ 灰白質　⓮ 介在　⓯ 白質　⓰ 腹根　⓱ 延髄

第9節　動物の反応と行動　**191**

A☑　反射について述べた次の文章の❶・❷の｜　　｜内から正しいものを選び，空欄❸に適語を入れよ。

　　反射は刺激に対して❶｜a　意識下のもとで　b　無意識のうちに｜，❷｜a　すばやく　b　ゆっくり｜起こる反応である。これは，反射の中枢が　❸　でなく，主に脊髄，延髄，中脳などにあるためである。

A☑❹　熱いものに触れると，瞬間的に手を引っ込める反射を何というか。

A☑❺　ひざの関節の下を軽くたたくと，思わず足が跳ね上がる反射を何というか。

A☑❻　❺の反射において，刺激を受け取る受容器は何か。

A☑　反射の興奮の伝達経路について述べた次の文章の空欄❼〜⓫に適語を入れよ。

　　反射の経路は，受容器→　❼　神経→反射中枢→　❽　神経→効果器となっており，この経路を　❾　という。❹の反射では，反射中枢である　❿　において，❼神経と❽神経に間に　⓫　神経が存在する。

A☑⓬　❺の反射は❹と同じ反射中枢であるが，反射の経路が異なる。その異なる点を説明せよ。

A☑⓭　次のa〜eの反射の中枢を答えよ。
　　a　唾液の分泌
　　b　瞳孔の縮小
　　c　せき，くしゃみ
　　d　姿勢の保持
　　e　排便・排尿

　　　　⓭は反射的に答えられるようにしておこう

出るポイント

- 反射は刺激に対して**無意識**のうちに**すばやく**起こる反応で，危険から身を守ったり，体の働きを調節するのに役立つ。
- 反射は**大脳**とは無関係に起こる反応である。
- 反射の中枢は，**脊髄**，**延髄**，**中脳**などにある。
- 屈筋反射の反射弓では，感覚神経と運動神経の間に介在神経が存在するが，膝蓋腱反射の反射弓では**介在神経が存在しない**。

解　説：屈筋反射と膝蓋腱反射の反射弓

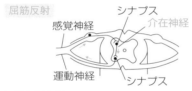

屈筋反射

感覚神経　シナプス　介在神経

運動神経　シナプス

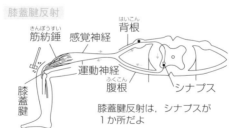

膝蓋腱反射

筋紡錘　感覚神経　背根

運動神経　腹根　シナプス

膝蓋腱

膝蓋腱反射は，シナプスが1か所だよ

解　答

❶ b　❷ a　❸ 大脳　❹ 屈筋反射　❺ 膝蓋腱反射
❻ 筋紡錘　❼ 感覚　❽ 運動　❾ 反射弓　❿ 脊髄
⓫ 介在　⓬ 膝蓋腱反射は，感覚神経が直接運動神経に連絡しており，介在神経が存在しない。　⓭ a　延髄　b　中脳
c　延髄　d　中脳　e　脊髄

92 筋肉の種類と構造

A☐ **①** 骨格筋や心筋のように，横じまがみられる筋肉を何というか。

A☐ 骨格筋の特徴を述べた次の文章の**②**〜**⑥**の｜ ｜内から正しいものを選べ。

骨格筋は**②**｜a 随意筋　b 不随意筋｜であり，細胞は**③**｜a 単核　b 多核｜で**④**｜a 円柱形　b 紡錘形｜をしており，収縮速度は**⑤**｜a 速く　b 遅く｜，また**⑥**｜a 疲労しにくい　b 疲労しやすい｜。

A☐ **⑦** 骨格筋を構成する細胞（筋細胞）を何というか。

A☐ **⑧** **⑦**の細胞質に含まれる多数の細長い繊維を何というか。

A☐ 下図は**⑧**の構造を示したものである。**⑨**〜**⑭**の名称を答えよ。

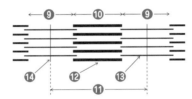

A☐ 筋収縮について述べた次の文章の**⑮**〜**⑰**の｜ ｜内から正しいものを選び，空欄**⑱**に適語を入れよ。

筋収縮が起こると，**⑨**の長さは**⑮**｜a 短くなり　b 変化せず｜，**⑩**の長さは**⑯**｜a 短くなり　b 変化せず｜，**⑪**の長さは**⑰**｜a 短くなる　b 変化しない｜。これは，**⑫**の間に**⑬**がすべり込むことによって収縮が起こるからである。この収縮のしくみについての説を ｜**⑱**｜ という。

A☐ **⑲** 骨格筋に接続する神経を**1回刺激**すると，筋肉は瞬間的に収縮し，すぐに弛緩する。この収縮を何というか。

A☐ **⑳** 骨格筋に接続する神経に**刺激を連続して与える**と，**⑲**が重なったような収縮となり，刺激の間隔をより短くすると，**ひと続きの大きな収縮**となる。この収縮を何というか。

出るポイント

- 骨格筋を構成する細胞を筋繊維といい，その中に多数の筋原繊維が含まれている。
- 筋原繊維は明るく見える明帯と暗く見える暗帯が交互に配列している（このため，しま模様に見える）。
- 筋原繊維は細いアクチンフィラメントと太いミオシンフィラメントから構成されている。
- 明帯の中央を仕切るＺ膜からＺ膜までをサルコメアといい，**筋原繊維の構造上・機能上の単位**となる。
- 収縮する際には，アクチンフィラメントがミオシンフィラメントの間に**すべり込み**，**両フィラメントの重なる部分が長くなる**。

解 説：筋肉の構造と収縮

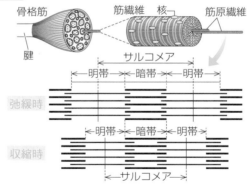

解 答

❶ 横紋筋　❷ a　❸ b　❹ a　❺ a　❻ b　❼ 筋繊維　❽ 筋原繊維　❾ 明帯　❿ 暗帯　⓫ サルコメア〔筋節〕　⓬ ミオシンフィラメント　⓭ アクチンフィラメント　⓮ Ｚ膜　⓯ a　⓰ b　⓱ a　⓲ すべり説　⓳ 単収縮　⓴ （完全）強縮

テーマ 93　筋収縮のしくみ

A☐ ❶　筋細胞内で，**筋原繊維を取り囲むように分布する袋状**の構造を何というか。

A☐ ❷　筋収縮時に❶から放出され，**筋収縮の引き金になる**イオンは何か。

A☐　次の文章の空欄❸～❻に適語を入れよ。

　　筋肉が収縮する際には，ミオシン頭部が　❸　として働き**ATPを分解**する。そして，ミオシン頭部がアクチンフィラメントと結合すると，ミオシン頭部が屈曲してこれをたぐり寄せ，**すべりが起こる**。弛緩時でもATPは存在しているが，アクチンフィラメントを構成する　❹　がアクチン分子のミオシン結合部位をおおっているため，ミオシン頭部はアクチンフィラメントと結合できない。

　　運動神経から興奮が伝達されて筋細胞に興奮が生じると，❶から❷が放出される。❷はアクチンフィラメントを構成する　❺　と結合する。すると，アクチン分子のミオシン結合部位をおおっていた❹がはずれ，**ミオシン頭部とアクチンフィラメントが結合できるようになり**，収縮が起こる。

　　運動神経からの興奮がなくなると，❷が　❻　輸送によって❶に取り込まれ，アクチン分子のミオシン結合部位が❹によって再びおおわれ，弛緩する。

A☐　筋収縮のエネルギーについて述べた次の文章の空欄❼～❾に適語を入れよ。

　　筋収縮の直接のエネルギーはATPであるが，筋肉には高エネルギーリン酸結合をもつ　❼　が含まれている。激しい運動時など，呼吸や　❽　によるATP合成が間に合わないとき，❼が分解され，そのとき**放出されるエネルギーによってATPが合成される**。静止時には　❾　とATPから❼が合成され，エネルギーが蓄積される。

出るポイント

- 筋収縮を制御しているのは，筋小胞体から放出される Ca^{2+} である。
- 弛緩時には，トロポミオシンがアクチン分子のミオシン結合部位をおおっている。
- Ca^{2+} がトロポニンと結合すると，ミオシン結合部位をおおっているトロポミオシンがはずれる。
- クレアチンリン酸がエネルギーの貯蔵に働いている。

解　説：筋収縮のしくみ

ミオシン頭部の運動

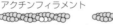

①ミオシン頭部に ATP が結合する。

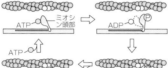

②ATP が分解され，ミオシン頭部の角度が変わる。

④ミオシンフィラメントが，アクチンフィラメントをたぐり寄せる。

③ミオシン頭部が，アクチンフィラメントに結合する。

Ca^{2+} による制御

弛緩時

トロポミオシン　　トロポニン

アクチン分子

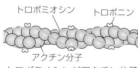

トロポミオシンがアクチン分子のミオシン結合部位をおおっている。

収縮時

筋小胞体　　Ca^{2+}

ミオシン結合部位

トロポニン

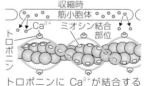

トロポニンに Ca^{2+} が結合するとアクチン分子のミオシン結合部位が露出する。

解　答

❶　筋小胞体　❷　カルシウムイオン〔Ca^{2+}〕　❸　ATP アーゼ〔ATP 分解酵素〕　❹　トロポミオシン　❺　トロポニン

❻　能動　❼　クレアチンリン酸　❽　解糖　❾　クレアチン

A☐ ❶ 動物の行動のうち，**生まれながらに備わった特定の刺激に対する定型的な行動**を何というか。

A☐ ❷ ❶のような動物に**特定の行動を引き起こさせる外界からの刺激**を何というか。

A☐ ❸ 動物が環境中の刺激に対して，**体を一定の方向に向けて保つこと，あるいは，特定の方向を定めること**を何というか。

B☐ 鳥の渡りについて述べた次の文章の空欄❹～❼に適語を入れよ。

　渡りをする鳥では，　❹　の位置の情報をもとに方向を定めているものがいる。❹の位置は時間とともに変わるが，鳥は　❺　とよばれる**時間を知るしくみ**を体内に備えているので，そのしくみにより補正し，正確な方向を認識できる。また，夜に移動する鳥では，　❻　の位置の情報をもとに方向を定めている。さらに雲などによって天体が見えない場合には，地球の　❼　を手がかりにして方向を定めている。

A☐ ❽ **刺激源に近づく，あるいは刺激源から遠ざかる方向に移動する行動**を何というか。

A☐ ❾ 動物の体内で合成され，体外に分泌されて，他個体に特有の行動を引き起こさせる物質を何というか。

A☐ ❾について述べた次の文章の❿の｜　｜内から正しいものを選び，空欄⓫～⓮に適語を入れよ。

　❾は❿｜a 同種の個体のみ　b 他種の個体でも｜有効である。❾には，異性を引き寄せる　⓫　，仲間を集める　⓬　，外敵に襲われたときに分泌される　⓭　，仲間をえさ場に誘導するのに用いる　⓮　などがある。

出るポイント

- 動物が環境中の刺激に対して、**体を一定の方向に向けて保つこと**、あるいは、特定の方向を定めることを定位という。
- 定位行動には、走性、鳥の渡りなどがある。
- カイコガなどが、性フェロモンによって、雄がフェロモン源へ定位する反応は、正の化学走性である。
- フェロモンは同種の他個体のみに有効である。
- 渡り鳥の中には、太陽の位置を手がかりにして方向を定めているものがあり、このようなしくみを太陽コンパスという。

解 説：フェロモン

種 類	作 用	例
性フェロモン	配偶行動のために異性を引き寄せる	カイコガ
集合フェロモン	集団を維持するために仲間を誘引する	ゴキブリ
警報フェロモン	敵が来たことを仲間に知らせる	アブラムシ
道しるべフェロモン	えさ場までの経路を仲間に知らせる	アリ

この辺はかるーくいこう

 どんどん進んでいこう

解 答

❶ 生得的行動 ❷ かぎ刺激〔信号刺激〕 ❸ 定位 ❹ 太陽
❺ 生物時計 ❻ 星座 ❼ 地磁気 ❽ 走性 ❾ フェロモン
❿ a ⓫ 性フェロモン ⓬ 集合フェロモン ⓭ 警報フェロモン ⓮ 道しるべフェロモン

動物の行動②〜ミツバチのダンス

A☐ **❶** ミツバチはえさ場を見つけると，巣に戻って仲間にえさ場の場所を伝えるダンスを行う。えさ場が近いときに行うダンスを何というか。

A☐ **❷** えさ場が遠いときに行うダンスを何というか。

A☐ ミツバチのダンスについて述べた次の文章の**❸**・**❹**・**❻**・**❼**の｜ ｜内から正しいものを選び，空欄**❺**・**❽**・**❾**に適語を入れよ。

❶のダンスではえさ場の**❸**｜a 距離 b 方向｜は伝えられず，**❹**｜a 距離 b 方向｜の情報のみが伝えられる。

❷のダンスではえさ場までの距離とえさ場の方向の両方の情報が伝えられる。えさ場までの距離はダンスを行う **❺** によって伝えられる。えさ場が近くにあるときは**❻**｜a 速く b ゆっくり｜，えさ場が遠くにあるときは**❼**｜a 速く b ゆっくり｜ダンスを行う。えさ場の方向は **❽** の方向を基準にして，巣から見て**❽**の方向とえさ場の方向とのなす角度が，ダンスにおいて **❾** の反対方向とダンスの直進部分の方向とのなす角度に等しくなっている。

A☐ **❿** 下の(i)，(ii)のようなダンスが行われるのは，えさ場がどの方向にあるときか。図1のア〜クからそれぞれ1つずつ選べ。

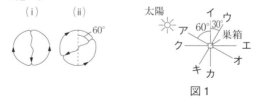

図1

A☐ **⓫** 太陽の位置は時刻とともに変化していく。図1において，アの位置にえさ場がある場合，このときから2時間後のダンスはどのようになるか。上図の(i)，(ii)にならって図示せよ。ただし，クが東，エが西であるとする。

第7節

第8節

第9節

第10節

第11節

第12節

出るポイント

- **えさ場が近いとき**には円形ダンスを行い，「近くにある」という距離の情報のみを伝える。
- **えさ場が遠いとき**には8の字ダンスを行い，距離と方向の両方の情報を伝える。
- えさ場の方向は**太陽の位置**を基準にして伝えるので，時刻とともに変化する太陽の位置に合わせて，ダンスの向きも変えていく。

解　説：8の字ダンスの方向

⑩について……巣から見て太陽の方向とえさ場の方向とのなす角が，ダンスにおいて重力の反対方向とダンスの直進方向とのなす角に等しくなる。(i)ではこの角度が180°なので，太陽と反対方向のオに，(ii)ではこの角度が左に120°になるので，太陽から左に120°の方向であるカにえさ場がある。

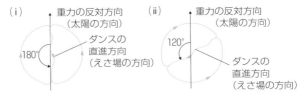

（i）
重力の反対方向
（太陽の方向）

180°

ダンスの
直進方向
（えさ場の方向）

（ii）
重力の反対方向
（太陽の方向）

120°

ダンスの
直進方向
（えさ場の方向）

⑪について……太陽は東から西に1時間で15°動くので，2時間後の太陽の位置は30°西方になる。このとき，太陽から左に30°の方向にえさ場がある。

解　答

① 円形ダンス　② 8の字ダンス　③ b　④ a　30°
⑤ 速さ　⑥ a　⑦ b　⑧ 太陽　⑨ 重力
⑩ (i) オ (ii) カ　⑪ 右図

テーマ 96　動物の行動③〜学習による行動

A☐　次の文章の空欄**❶・❷**に適語を入れ，**❸・❹**の{　}内から正しいものを選べ。

アメフラシの水管に接触刺激を与えるとえらを引っ込める反射が起こる。しかし，これを**繰り返し行う**と，やがてえらを引っ込めなくなる。これは単純な学習の一種で**❶**という。下図はこの反射の神経回路を示したものである。水管への刺激が繰り返されると，**❷**ニューロン末端から放出される**神経伝達物質の量**が**❸**{a　増加　b　減少}し，**シナプスでの伝達効率**が**❹**{a　上昇　b　低下}するため，このような反応が起こる。

B☐**❺**　**❶**を生じた個体の尾部に電気ショックを与えると，水管への接触刺激による**引っ込め反射が回復する**。この現象を何というか。

A☐**❻**　**❶**を生じた個体の尾部に強い電気ショックを与えると，ふつうでは生じないほどの**弱い刺激でも引っ込め反射が起こる**ようになる。この現象を何というか。

A☐**❼**　イヌに肉片を与えると唾液を分泌するが，**肉片を与えるときにいつもベルを鳴らす**と，やがてイヌはベルの音だけで唾液を分泌するようになる。このような現象を何というか。

A☐**❽**　カモやアヒルのひなは**ふ化後間もない時期**に見た動くものの後を追うようになる。このような発育初期の限られた時期に**対象を記憶する**学習を何というか。

第7節

第8節

第9節

第10節

第11節

第12節

出るポイント

- **経験**によって獲得した行動の変化を学習という。
- 学習のうち最も簡単なもので，ある刺激を与え続けると，**刺激に対して無反応になる**現象を慣れという。
- アメフラシにみられる慣れのしくみは，感覚神経から放出される**神経伝達物質の量が減少する**ため，シナプスでの伝達効率が低下することによる。
- ふつうでは起こらないほどの**弱い刺激でも敏感に反射が起こる**ようになる現象を鋭敏化という。
- イヌの唾液分泌における条件づけにおいて，唾液を分泌させる本来の刺激は肉片が口に入ることであり，これを**無条件刺激**といい，ベルの音はもともと唾液分泌と無関係だった刺激で，これを**条件刺激**という。

解 説 : アメフラシのえら引っ込め反射の鋭敏化のしくみ

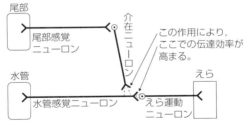

尾部からの情報を受けた介在ニューロンの末端が水管感覚ニューロンの末端に接続しており，介在ニューロンからの作用により，水管感覚ニューロンから放出される**神経伝達物質の量が増加して**興奮の伝達効率が高まる。

解 答

❶ 慣れ ❷ （水管）感覚 ❸ b ❹ b ❺ 脱慣れ ❻ 鋭敏化 ❼ （古典的）条件づけ ❽ 刷込み〔インプリティング〕

97 被子植物の配偶子形成

A□ 次の文章の空欄❶〜⓲に適する語句を入れよ。

　　被子植物のおしべの先端の　❶　の中で，　❷　細胞
が　❸　分裂を行って4個の細胞からなる　❹　がで
きる。❹はそれぞれ離れて未熟花粉（花粉細胞）となる。
4個の未熟花粉はそれぞれ**不等分裂**して，小さい　❺
細胞とそれを取り囲む　❻　細胞からなる成熟した
　❼　となる。❼がめしべの柱頭につくと，発芽して
　❽　を伸ばし，❺細胞が分裂して2個の　❾　細胞と
なる。

　　めしべの子房内にある　❿　では，　⓫　細胞が❸分
裂を行って4個の細胞ができる。そのうち3個は退化し
て1個が　⓬　細胞となる。⓬細胞は3回の核分裂を行
って8個の核をもつ　⓭　となる。8個の核のうち，6
個は仕切られて細胞化し，**珠孔側**に1個の　⓮　細胞と
その両側に2個の　⓯　細胞，反対側に3個の　⓰　細
胞ができ，残りの2個の核は中央に集まり　⓱　とよば
れる。⓱を含む大型の細胞は　⓲　細胞とよばれる。

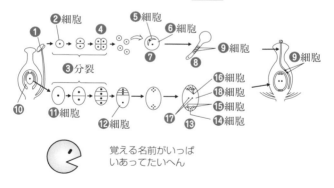

覚える名前がいっぱ
いあってたいへん

図を見ながら
覚えていこう

出るポイント

- おしべの薬の中で花粉が，めしべの胚珠の中で胚のう がつくられる。
- 花粉および胚のうは，**減数分裂によってできた細胞が 分裂した多細胞体**である。
- 花粉および胚のうの中に，受精する細胞（配偶子）で ある精細胞および卵細胞がつくられる。

解　説：被子植物の配偶子形成過程における DNA 量の変化

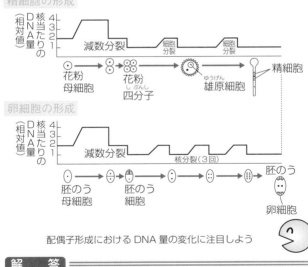

精細胞の形成

卵細胞の形成

配偶子形成における DNA 量の変化に注目しよう

解　答

❶ 薬　❷ 花粉母　❸ 減数　❹ 花粉四分子　❺ 雄原
❻ 花粉管　❼ 花粉　❽ 花粉管　❾ 精　❿ 胚珠　⓫ 胚の
う母　⓬ 胚のう　⓭ 胚のう　⓮ 卵　⓯ 助　⓰ 反足
⓱ 極核　⓲ 中央

98 重複受精

A☑ 次の文章の空欄❶〜❽に適する語句を入れよ。

　　花粉はめしべの柱頭につくと，発芽して花粉管を胚珠に向かって伸ばす。花粉管の先端が ❶ に達すると先端が破れ，2個の精細胞のうち，一方は ❷ 細胞と受精して2n の ❸ となる。他方の精細胞の核は ❹ 細胞の2個の ❺ と融合し，3n の ❻ となる。このように，被子植物ではほぼ同時に2か所で受精が起こり，このような受精様式を ❼ とよぶ。❸は分裂して胚を形成し，❻は分裂して ❽ を形成する。

B☑ 次の文章の空欄❾・❿に適する語句を入れよ。

　　受精する際に，花粉管は正確に胚珠に向かって伸びていく。これは花粉管を引き寄せる物質（**誘引物質**）が胚珠から放出されているためと考えられた。トレニアの胚珠内の細胞を破壊する実験から，誘引物質を放出するのは ❾ 細胞であることがわかり，後にこの誘引物質の実体が解明され， ❿ と名付けられた。

トレニアの実験

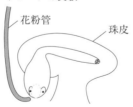

卵細胞を破壊した
→花粉管が誘導される。

助細胞を破壊した
→花粉管が誘導されない。

トレニアの胚珠では，卵細胞と助細胞が珠皮の外に出ているから，細胞を破壊する実験がやりやすいんだね

第7節

第8節

第9節

第10節

第11節

第12節

出るポイント

- 精細胞と卵細胞が受精し，受精卵（$2n$）となる。受精卵は分裂を繰り返して，胚を形成する。
- 精細胞の核と2個の極核が融合して胚乳核（$3n$）となる。胚乳核は分裂を繰り返して多数の核となり，核のまわりに細胞膜が形成され，胚乳を形成する。
- 2か所でほぼ同時に起こるこのような受精様式を重複受精といい，**被子植物のみ**にみられる。

解　説：重複受精

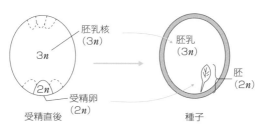

受精直後　　　　　　　　　　　種子

裸子植物では，受精する前に胚乳がつくられるから，重複受精は行われないんだ

解　答

❶ 胚のう〔珠孔〕　❷ 卵　❸ 受精卵　❹ 中央　❺ 極核
❻ 胚乳核　❼ 重複受精　❽ 胚乳　❾ 助　❿ ルアー

A☑　次の文章の空欄**❶**～**❽**に適する語句を入れよ。

　　受精卵は細胞分裂を繰り返して**胚球**と**胚柄**になる。胚球はさらに分裂して ❶ , ❷ , ❸ , ❹ からなる胚になる（下図参照）。

　　胚乳核は分裂を繰り返して多数の核となる。そのあと, 核を1個ずつ含むように仕切りができて多細胞となり, ❺ を形成する。イネやカキなどでは, 発芽に必要な栄養分を❺に蓄える。このような種子を ❻ 種子という。ナズナなどでは, 種子の形成過程で❺の栄養分を ❼ が吸収し, ❺は消滅してしまい❼に栄養分を蓄える。このような種子を ❽ 種子という。

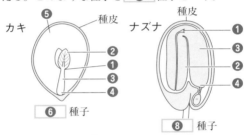

A☑ ❾　ナズナ以外で, ❽種子の例をあげよ。

A☑　次の文章の空欄**❿**・**⓫**に適する語句を入れよ。

　　胚はある程度発達したところで, **発生・成長を一時的に休止**し, ❿ 状態となる。そして, 珠皮が ⓫ となり, 種子が形成される。種子中の胚は❿状態で低温や乾燥に耐えて, 発芽の機会を待つ。

　　　　　　　　　　　カキの種子をうまく切ると,
　　　　　　　　　　　上図の様子が観察できるよ

出るポイント

- 受精卵からできた胚球は分裂を繰り返して，幼芽，子葉，胚軸，幼根からなる胚となる。
- 胚，胚乳，種皮が形成されて種子となる。
- 発芽に必要な栄養分を胚乳に蓄える種子を有胚乳種子という。
- 胚乳があまり発達せず，栄養分を子葉に蓄える種子を無胚乳種子という。
- 種子は休眠状態となり，低温や乾燥に耐える。

解　説：胚の形成（ナズナ）

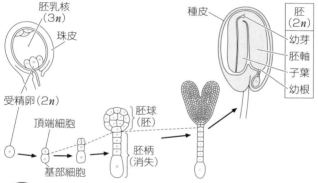

胚乳核
（3n）

珠皮

受精卵（2n）

頂端細胞

基部細胞

胚球
（胚）

胚柄
（消失）

種皮

胚
（2n）

幼芽

胚軸

子葉

幼根

頂端細胞が胚球に，基部細胞が胚柄になるんだ

もうこの段階で，方向性が決まっているんだね

解　答

❶ 幼芽　❷ 子葉　❸ 胚軸　❹ 幼根　❺ 胚乳　❻ 有胚乳
❼ 子葉　❽ 無胚乳　❾ エンドウ，ソラマメなどのマメ科，ウリ など　❿ 休眠　⓫ 種皮

植物の器官の分化

A☑ 次の文章の空欄❶～❼に適する語句を入れよ。

植物を構成する基本的な器官は，水や養分を吸収する
❶ ，主な光合成の場となる ❷ ，❷を支え，❶との
連絡路となる ❸ の3つである。

植物の芽ばえには，茎の先端に ❹ ，根の先端に
❺ とよばれる分裂組織があり，ここで活発な細胞分
裂を行っている。❹での分裂により上方向の伸長が，❺
での分裂により下方向の伸長が行われる。また，分裂し
た細胞の一部が組織や器官に分化し，体の末端に新たな
構造を形成する。

❹では活発な細胞分裂が起こり，❷のもとになる組織
が側面につくられ，それが成長して❷が形成される。ま
た，❷の表側のつけ根には ❻ の分裂組織ができ，や
がてこれが活動し，❻が成長すると枝が伸びる。枝の茎
頂でも❷が形成され，これらの❷にも❻の分裂組織がで
き，これが繰り返されていく。

❺では，活発な細胞分裂が起こり，❺の基部側に根の
組織が形成され，組織を形成する個々の細胞が伸長して
根が伸びる。また，❺の根端側に ❼ という組織が形
成される。❼は❺を保護するとともに，**重力の感知**を行
う。

第7節

第8節

第9節

第10節

第11節

第12節

出るポイント

● 植物は根，茎，葉の３つの基本的な器官で構成される。
● 茎の先端には茎頂分裂組織，根の先端には根端分裂組織があり，盛んに細胞分裂を行っている。
● 茎頂分裂組織の周辺部での分裂により，葉が形成される。
● 根端分裂組織での分裂により，根の組織および根冠が形成される。

解　説：葉の表側，裏側ができるしくみ

葉の表側　　葉の裏側　　　　　　　　表側（向軸側）

表側の性質を
誘導する物質　　　　　　　　　　　　裏側（背軸側）

葉の表側と裏側で異なる遺伝子が発現して，葉の表側と裏側が決まり，表側と裏側を結ぶ軸（向背軸）が決まるんだって

解　答

❶ 根　❷ 葉　❸ 茎　❹ 茎頂分裂組織　❺ 根端分裂組織
❻ 側芽　❼ 根冠

花の形成と遺伝子による制御

A☐ ❶ 下図は花のつくりを模式的に示したものである。ア〜
エの各部の構造の名称を答えよ。

横から
見た図

上から
見た図

A☐ 次の文章の空欄❷に適する語句を入れよ。

　花の形成には3種類の ❷ 遺伝子とよばれる調節
遺伝子が働いている。3種類の遺伝子A，B，Cがつく
るタンパク質によって，花のどの部分が形成されるかが
決まる（表1）。また，遺伝子A，B，Cはそれぞれ花
の決まった領域で働く（表2）。

表1

遺伝子A	→	がく
遺伝子A＋B	→	花弁
遺伝子B＋C	→	おしべ
遺伝子C	→	めしべ

表2

遺伝子A	領域1と2
遺伝子B	領域2と3
遺伝子C	領域3と4

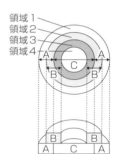

　また，遺伝子AとCは互いに発現を抑制し合ってい
る。したがって，どちらか一方の遺伝子の働きが失われ
た場合には，抑制されていた他方の遺伝子が発現する。

A☐ ❸ 遺伝子Aが欠損した変異体では，どのようなつくり
の花ができるか。領域1→4の順に答えよ。

A☐ ❹ 遺伝子Bが欠損した変異体では，どのようなつくり
の花ができるか。領域1→4の順に答えよ。

A☐ ❺ 遺伝子Cが欠損した変異体では，どのようなつくり
の花ができるか。領域1→4の順に答えよ。

出るポイント

- 生物の体の一部が別の部分に置き換わるような変異の原因となる遺伝子を**ホメオティック遺伝子**という。
- 花の形成には3種類の**調節遺伝子**（A，B，C）が働いており，それぞれ決まった領域で働いている。
- 遺伝子 A，B，C はホメオティック遺伝子で，それぞれ異なる調節タンパク質を合成することで，花のどの部分が形成されるかが決まる。
- 遺伝子 A，B，C すべてが働かなくなった変異体では，領域1〜4のすべてで葉が形成される。

解　説：左ページの❸，❹，❺の解説

❸について……遺伝子 A が欠損すると，遺伝子 C が領域1，2でも働くようになる。

❹について……遺伝子 B が欠損すると，花弁，おしべができない。

❺　遺伝子 C が欠損すると，遺伝子 A が領域3，4でも働くようになる。

解　答

❶ ア めしべ　イ おしべ　ウ 花弁　エ がく　❷ ホメオティック　❸ めしべ－おしべ－おしべ－めしべ　❹ がく－がく－めしべ－めしべ　❺ がく－花弁－花弁－がく

102 　**屈性・傾性**

A☐ ❶ 植物が刺激に対して，**刺激の方向**に近づく，または遠ざかる方向に屈曲する性質を何というか。

A☐ ❷ 植物が刺激の**方向とは無関係**に，ある一定の方向に屈曲する性質を何というか。

A☐ 次の文章の空欄❸・❹に適語を入れよ。

　　オジギソウの葉に触れると，小葉が閉じ葉柄が垂れ下がる。これは接触❷とよばれ，葉枕の細胞の ❸ が減少するために起こる運動である。マカラスムギの幼葉鞘に横から光を当てると，光の方向に屈曲する。これは正の光❶とよばれ，部分的な ❹ 速度の差によるもので，❹運動である。

A☐ ❺ 次の(i)〜(iii)の反応の名称を答えよ。ただし，❶の場合は**正負**もつけて答えよ。

(i) 植物の芽ばえを横たえておくと，茎は上方に屈曲した。

(ii) チューリップの花は温度が上がると開き，温度が下がると閉じる。

(iii) エンドウの巻きひげは，他のものに接触すると，それに巻きつく。

A☐ ❻ オーキシンが垂直方向に移動するときには，**先端部から基部方向へ**と決まった方向にしか移動しない。このような移動を何というか。

B☐ 次の文章の❼・❽の｜　　｜内から正しいものを選び，空欄❾に適語を入れよ。

　　茎の細胞膜には，オーキシンを細胞内に取り込む輸送タンパク質（取り込み輸送体）と，細胞外に排出する輸送タンパク質（排出輸送体）が存在する。❼｜a 取り込み　b 排出｜は輸送体の働きの他に拡散によっても起こるが，❽｜a 取り込み　b 排出｜は輸送体のみによって起こる。そして，この輸送体が茎の細胞の ❾ 側の細胞膜に集中して分布しているため，オーキシンは先端側から基部側へ輸送される。

第7節

第8節

第9節

第10節

第11節

第12節

出るポイント

- 刺激に対し，刺激源に近づくまたは遠ざかる方向に屈曲する性質を**屈性**といい，刺激の方向とは無関係に屈曲する性質を**傾性**という。
- チューリップの花は，昼間気温が高くなると開き，夜気温が低くなると閉じる，**温度傾性**である。
- オーキシンは先端部から基部方向へ**極性移動**する。
- 細胞膜にはオーキシンの**輸送タンパク質**（輸送体）が存在する。
- オーキシンの極性移動は，**細胞膜の基部側に存在する**排出輸送体の働きによる。

解　説：オーキシンの極性移動

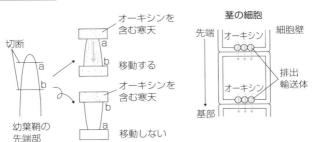

解　答

❶ 屈性　❷ 傾性　❸ 膨圧　❹ 成長　❺ (i) 負の重力屈性
(ii) 温度傾性　(iii) 正の接触屈性　❻ 極性移動　❼ a　❽ b
❾ 基部

A□ **❶** 植物が合成する天然の**オーキシン**の名称を答えよ。

A□ 次の文章の空欄**❷**・**❺**に適語を入れ，**❸**・**❹**の｜ ｜内から正しいものを選べ。

オーキシンは **❷** の**セルロース繊維**どうしのつながりを**❸**｜a 強くする　b ゆるめる｜。その結果，**❷**が**❹**｜a 固く　b 柔らかく｜なり，**❺**によって**❷**が**押し広げられて細胞が成長する**。

A□ **❻** 下図はオーキシンに対する器官の感受性の違いを示したものである。図中のア，イは茎，根のどちらか答えよ。

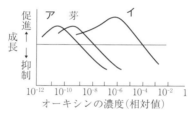

A□ 次の文章の**❼**〜**❿**の｜ ｜内から正しいものを選べ。

植物の芽ばえを水平に置くと，オーキシンが下側へ移動して下側の濃度が高くなる。このとき，茎では下側の成長が**❼**｜a 促進　b 抑制｜されて**❽**｜a 上方　b 下方｜へ屈曲するが，根では下側の成長が**❾**｜a 促進　b 抑制｜されて**❿**｜a 上方　b 下方｜へ屈曲する。このように，**茎と根ではオーキシンに対する感受性が異なる**ため，逆方向の重力屈性を示す。

A□ **⓫** 重力屈性に関して，重力刺激は，細胞小器官が重力方向に移動することによって感知される。この細胞小器官は何か。

A□ **⓬** 根において，**⓫**が発達した細胞が集中しているのはどこか。

出るポイント

- オーキシンは**細胞壁をゆるめる**ことで細胞の成長を促進する。
- オーキシンは濃度が高すぎるとかえって成長を抑制する。また，**器官によって**成長を促進する最適濃度が異なる。
- 芽ばえを水平に置くと**下側のオーキシン濃度が高まる**。茎では下側の成長が促進されるが，根では下側の成長が抑制される。
- アミロプラストは重力によって細胞の下側に集まっているが，植物が横向きになると細胞の重力の方向へ集まる。それが刺激となって，**オーキシン輸送タンパク質の配置が変化し**，オーキシンが下側へ移動するようになる。

解　説：根の重力屈性のしくみ

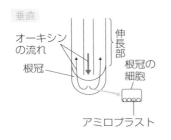

垂直

オーキシンの流れ
根冠
伸長部
根冠の細胞
アミロプラスト

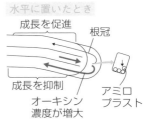

水平に置いたとき

成長を促進
根冠
成長を抑制
オーキシン濃度が増大
アミロプラスト

アミロプラストが細胞の重力の方向に移動すると，輸送タンパク質の配置が変化する。

解　答

❶ インドール酢酸〔IAA〕　❷ 細胞壁　❸ b　❹ b
❺ 膨圧　❻ ア 根 イ 茎　❼ a　❽ a　❾ b　❿ b
⓫ アミロプラスト　⓬ 根冠

A□ **❶** 頂芽の成長が盛んなときには，側芽の成長が抑えられている。この現象を何というか。

A□ 次の文章の空欄**❷**～**❺**に適語や記号を入れ，**❻**の｜ ｜内から正しいものを選べ。

　　❶の現象にはオーキシンの他に □**❷** □という植物ホルモンが関与しているので，下図のA～Dのうち，側芽が成長するのは □**❸** □と □**❹** □である。**❷**は側芽の成長を促進する作用があるが，□**❺** □で合成された**オーキシンが下降して**側芽周辺での**❷**の合成を**❻**｜a 促進 b 抑制｜しているため，**❶**の現象が起こると考えられている。

頂芽　側芽

切除 ✂

オーキシンを含む寒天片

頂芽　❷溶液

A：未処理　B：頂芽を切除　C：切り口にオーキシンを与える。　D：側芽に❷を与える。

A□ 次の文章の空欄**❼**・**❽**・**⓫**に適語を入れ，**❾**・**❿**・**⓬**・**⓭**の｜ ｜内から正しいものを選べ。

　　細胞の成長方向は細胞壁の □**❼** □繊維の方向によって決まる。植物ホルモンの □**❽** □やブラシノステロイドが作用すると，**❾**｜a 縦 b 横｜方向の**❼**繊維が増え，細胞は**❿**｜a 伸長 b 肥大｜成長する。また，□**⓫** □やサイトカイニンが作用すると，**⓬**｜a 縦 b 横｜方向の**❼**繊維が増え，細胞は**⓭**｜a 伸長 b 肥大｜成長する。

第7節

第8節

第9節

第10節

第11節

第12節

出るポイント

- 頂芽が成長しているとき，側芽の成長は抑えられている。この現象を頂芽優勢という。
- サイトカイニンには側芽の成長を促進する作用がある。
- 頂芽で合成されたオーキシンが下降して側芽周辺の**サイトカイニンの合成を妨げる**（これにより頂芽優勢が起こる）。
- サイトカイニンはオーキシンによる側芽の**成長抑制を解除する**。
- 細胞の成長（容積の増大）はオーキシンの働きによって起こるが，成長方向はセルロース繊維の並び方によって決まる。
- ジベレリン，ブラシノステロイドが作用すると，横方向のセルロース繊維が増え，細胞は**伸長成長する**。
- エチレン，サイトカイニンが作用すると，縦方向のセルロース繊維が増え，細胞は**肥大成長する**。

解　説：細胞の成長方向

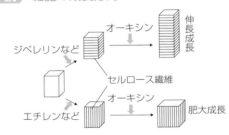

解　答

❶ 頂芽優勢　❷ サイトカイニン　❸・❹ B・D　❺ 頂芽（茎頂）　❻ b　❼ セルロース　❽ ジベレリン　❾ b
❿ a　⓫ エチレン　⓬ a　⓭ b

種子の発芽

A□ 次の文章の空欄❶〜❸に適語を入れよ。

　　種子が形成される過程では，植物ホルモンの　❶　の
含有量が増え，種子に含まれる　❷　が生重量の10%以
下まで減少し，胚の活動は停止する。この状態を　❸
という。

A□ ❹　種子が❸を破って発芽するのに必要な3条件を記せ。

A□ オオムギの種子の発芽について，次の文章の空欄❺〜❽
に適語を入れよ。

　　胚で植物ホルモンである　❺　が合成される。これが
胚乳の周囲の　❻　に作用すると，❻の細胞で　❼　遺
伝子の発現が誘導されて❼が合成される。❼は胚乳の
　❽　を糖に分解し，**糖は胚に栄養分として供給される。**

A□ 発芽における光の関与について，次の文章の空欄に適語
を入れ，｜　｜内から正しいものを選べ。

　　発芽に光を必要とする種子を　❾　といい，光によっ
て発芽が抑制される種子を　❿　という。❾の発芽を促
進する光は　⓫　色光である。しかし，　⓬　色光が当
たると，⓫色光の**効果は打ち消されて発芽しなくなる。**
したがって，⓫色光と⓬色光を交互に照射すると，
⓭｜a 最初　b 最後｜に当たった光によって発芽する
か否かが決まる。

　　⓫色光と⓬色光を感じ取る物質（光受容体）は　⓮
とよばれる色素タンパク質で，⓫色光吸収型（Pr 型）と
⓬色光吸収型（Pfr 型）の2つの型がある。⓫色光が照
射されると⓯｜a Pr 型　b Pfr 型｜が⓫色光を吸収して
⓰｜a Pr 型　b Pfr 型｜に変化する。⓰は胚の細胞に作
用して，植物ホルモンの　⓱　の合成を誘導するので，
❾の発芽が促進される。このため，❾に⓱を与えると，**暗
所でも発芽するようになる。**一方，⓬色光が照射されると，
⓲｜a Pr 型　b Pfr 型｜が⓬色光を吸収して⓳｜a Pr
型　b Pfr 型｜に変化するため，発芽が起こらない。

出るポイント

- ジベレリンは種子の発芽を**促進**し，アブシシン酸は**抑制**する。
- オオムギの種子では，糊粉層に転写抑制タンパク質が存在しており，アミラーゼ遺伝子の**調節遺伝子の転写を抑制**している。ジベレリンが存在すると，このタンパク質が分解され，調節遺伝子の転写抑制が解除される。その結果，アミラーゼが合成される。
- 光発芽種子は赤色光で発芽が促進され，遠赤色光で発芽が抑制される。
- 赤色光と遠赤色光の光受容体はフィトクロムという色素タンパク質で，Pr 型と Pfr 型の２つの型をとる。
- Pfr 型のフィトクロムが増えると，**ジベレリンの合成が誘導**されて，光発芽種子の発芽が促進される。

解 説：光発芽種子の発芽のしくみ

葉が茂った森林の林床では光発芽種子は発芽しないね
（理由は次のテーマ106を見てね）

解 答

❶ アブシシン酸　❷ 水分　❸ 休眠　❹ （適当な）温度，水，酸素　❺ ジベレリン　❻ 糊粉層　❼ アミラーゼ　❽ デンプン　❾ 光発芽種子　❿ 暗発芽種子　⓫ 赤　⓬ 遠赤　⓭ b　⓮ フィトクロム　⓯ a　⓰ b　⓱ ジベレリン　⓲ b　⓳ a

光受容体

A☑ 次の文章の空欄❶～❻に適語を入れよ。

　　種子の発芽などは赤色光によって促進されるが，光屈
性や ❶ の開口などは赤色光ではなく ❷ 色光に
よって促進される。光屈性では，❷色光の光受容体であ
る ❸ が光を感知すると ❹ の輸送タンパク質の
分布が変わり，陰側への❹の移動が起こる。また，❸は
❶を開く信号としても働いている。

　　暗所で育った芽ばえは，胚軸が黄白色で**細長く，子葉
は閉じたまま**の「もやし」状に成長しているが，光が当
たると，**子葉が展開して緑化し，伸長成長が抑制される**。
このときのもやし状の成長停止の反応は ❺ という光
受容体によって受容された ❻ 色光が関与している。

A☑ 次の文章の空欄❼・❽に適語を入れ，❾～⓫の｜　｜内
から正しいものを選べ。

　　赤色光と遠赤色光の光受容体は ❼ で，Pr 型と Pfr
型の割合によって，いろいろな形態形成が起こる。Pfr
型に対し Pr 型の割合が大きいときは茎の伸長速度が大
きくなるが，これは，日陰を回避する反応と考えられる。
光合成色素の ❽ は**赤色光を吸収するが遠赤色光は
ほとんど吸収しない**。このため，他の植物におおわれて
日陰になった場所で生育している植物は，❾｜a　赤
b　遠赤｜色光を多く受け，❿｜a Pr 型　b Pfr 型｜の
割合が多くなるので，茎の伸長が⓫｜a 促進　b 抑制｜
される。これによって，**日陰から抜け出すことができる**
ようになると考えられる。

葉の透過光には遠赤色光が多く含まれ，
赤色光はほとんど含まれていないね

だから，森林の林床では光発
芽種子が発芽しないんだね

第7節

第8節

第9節

第10節

第11節

第12節

出るポイント

- 赤色光・遠赤色光はフィトクロムによって，青色光は
  フォトトロピンやクリプトクロムによって受容される。
- フォトトロピンは光屈性や気孔の開口などに，クリプ
  トクロムはもやし状の成長の停止などに関与している。
- **葉の透過光は遠赤色光が多く，赤色光が少ないので，**
  他の植物におおわれている植物は，Pr 型の割合が多い。
- Pr 型の割合が多いとき，茎の伸長速度が大きくなる
  （これにより日陰から回避しようとする）。

解 説：光受容体

光受容体	受容する光	反 応
フィトクロム	赤色光 遠赤色光	・光発芽　・日陰の回避 ・花芽形成
フォトトロピン	青色光	・光屈性 ・気孔の開口
クリプトクロム	青色光	・茎の伸長抑制 （もやし状の成長停止）

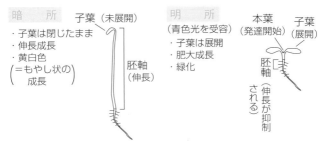

暗　所	子葉（未展開）
・子葉は閉じたまま ・伸長成長 ・黄白色 （＝もやし状の） 　成長	胚軸 （伸長）

明　所	本葉	子葉
（青色光を受容）	（発達開始）	（展開）
・子葉は展開 ・肥大成長 ・緑化	胚軸 （伸長が抑制される）	

解 答

❶ 気孔　❷ 青　❸ フォトトロピン　❹ オーキシン
❺ クリプトクロム　❻ 青　❼ フィトクロム　❽ クロロフィ
ル　❾ b　❿ a　⓫ a

A☐ ❶ 気孔を形成している2個の細胞を何というか。

A☐ 次の文章の空欄❷〜❺に適語を入れよ。

植物は**光合成**を行うために，気孔を開いて大気から ❷ を取り込み，同時に ❸ を大気に放出する。また，このとき ❹ によって，体内の水が失われる。気孔の開閉は，土壌中の ❺ 量や光の強さなどの**環境変化に応じて調節**されている。

A☐ 気孔が開閉するしくみについて述べた次の文章の空欄 ❼，❿，⓫に適語を入れ，❻，❽，❾，⓬の｜　｜内から正しいものを選べ。

❶の**浸透圧**が❻｜a 高く　b 低く｜なると，❶は吸水して ❼ 圧が高くなる。❶の**細胞壁**は外側よりも内側が❽｜a 厚く　b 薄く｜なっているので，❼圧によって❾｜a 外側　b 内側｜が伸長し，その結果❶が湾曲して気孔が開く。

植物が ❿ 不足の状態になると，植物ホルモンの ⓫ が合成される。⓫の作用によって❶の浸透圧が⓬｜a 高く　b 低く｜なり，❶から水が排出されて❼圧が低下し，気孔が閉じる。

B☐ ⓭ ❶の浸透圧を調節する主なイオンは何か。

A☐ ⓮ 気孔の開閉は光によって調節される。気孔の開口に有効な光は何色光か。

A☐ ⓯ 気孔の開閉は二酸化炭素CO_2濃度によって調節される。植物がCO_2不足になると，気孔は開くか，閉じるか。

第7節

第8節

第9節

第10節

第11節

第12節

出るポイント

- 気孔は2個の孔辺細胞に囲まれたすき間で、二酸化炭素 CO_2 と酸素 O_2 のガス交換および蒸散を行う。
- 孔辺細胞にカリウムイオン K^+ が流入することで、浸透圧が上昇し、吸水して膨圧が大きくなる。
- 孔辺細胞の**細胞壁は内側が厚く、外側が薄く**なっている。このため、吸水して膨圧が大きくなると、外側が伸びて孔辺細胞が湾曲し、気孔が開く。
- 気孔の開閉は水分、光、CO_2 濃度によって調節を受ける。
- 水不足になるとアブシシン酸が合成され、気孔が閉じる。
- 気孔の開口に有効な光は青色光である。

解 説：気孔の開閉のしくみ

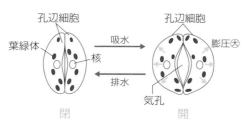

孔辺細胞

葉緑体

核

吸水

排水

閉

孔辺細胞

膨圧大

気孔

開

アブシシン酸で気孔が閉じるんだよね

解 答

❶ 孔辺細胞　❷ 二酸化炭素〔CO_2〕　❸ 酸素〔O_2〕

❹ 蒸散　❺ 水分　❻ a　❼ 膨　❽ a　❾ a　❿ 水

⓫ アブシシン酸　⓬ b　⓭ カリウムイオン〔K^+〕

⓮ 青色光　⓯ 開く

A☑ **❶** 生物の生理現象が日長（連続暗期）の変化に反応して起こる性質を何というか。

A☑ **❷** 日長が一定以上（連続暗期が一定以下）になると花芽_{か が}形成する植物を何というか。また，その植物例を答えよ。

A☑ **❸** 日長が一定以下（連続暗期が一定以上）になると花芽形成する植物を何というか。また，その植物例を答えよ。

A☑ **❹** 日長に関係なく，**一定の大きさに生育すると花芽形成**する植物を何というか。また，その植物例を答えよ。

A☑ **❺** 花芽形成において，植物が感知するのは，明期の長さではなく**連続する暗期の長さ**である。花芽形成をするかしないかの境界となる暗期の長さを何というか。

A☑ 次の文章の空欄**❻**に適語を入れ，**❼**～**❿**の｜　｜内から正しいものを選べ。

下図は，植物Aと植物Bをいろいろな明暗条件で栽培したときの花芽形成の有無を調べた実験結果である。実験4では，暗期の途中で一時的に光を照射する **❻** とよばれる処理を行った。なお，○は花芽が形成されたことを，×は形成されなかったことを示す。

実験の結果から，植物Aは❺の長さが**❼**｜a　約9時間　b　約13時間｜の**❽**｜a　長日　b　短日｜植物であり，植物Bは❺の長さが**❾**｜a　約9時間　b　約13時間｜の**❿**｜a　長日　b　短日｜植物であることがわかる。

(時間)

	植物A	0　4　8　12　16　20　24	植物B
実験1	×		**⓫**
実験2	○		**⓬**
実験3	**⓭**		○
実験4	**⓮**		**⓯**
実験5	**⓰**		×

□ 明期　■ 暗期

A☑ 上図の空欄**⓫**～**⓰**の結果について，○または×を記せ。

出るポイント

- 生物が日長の影響を受けて反応する性質を光周性といい，植物の花芽形成はその代表的な例である。
- 花芽形成は**連続した暗期の長さ**を感知して起こる。
- 花芽形成の閾値となる一定時間の連続暗期を限界暗期という。限界暗期の長さは**植物の種類によって異なる**。
- 連続暗期が限界暗期以上になると花芽形成する植物を短日植物という。
- 連続暗期が限界暗期以下になると花芽形成する植物を長日植物という。

解説：実験結果❼〜❿について

植物Aについて

　実験1（8時間暗期）では×であるが，実験2（10時間暗期）では○になる。つまり，暗期が長くなると花芽形成するので，短日植物である。そして，この植物の限界暗期は約9時間と考えられる。

植物Bについて

　実験5（14時間暗期）では×であるが，実験3（12時間暗期）では○になる。つまり，暗期が短くなると花芽形成するので，長日植物である。そして，この植物の限界暗期は約13時間と考えられる。

限界暗期の長さは，
植物の種類によってそれぞれ違うんだ

解答

❶ 光周性　❷ 長日植物，コムギ・ダイコン・アブラナ・ホウレンソウ など　❸ 短日植物，アサガオ・キク・ダイズ・イネ・オナモミ など　❹ 中性植物，トマト・タンポポ など　❺ 限界暗期　❻ 光中断　❼ a　❽ b　❾ b　❿ a　⓫ ○
⓬ ○　⓭ ○　⓮ ×　⓯ ○　⓰ ○

花芽形成②〜花芽形成のしくみ

B 次の文章の**❶**・**❷**の｜ ｜内から正しいものを選び，空欄**❸**・**❹**に適語を入れよ。

　　長日植物や短日植物では日長条件によって花芽形成が起こるので，同種の植物が**❶**｜a 同じ　b 異なる｜時期に開花する。これにより，**❷**｜a 自家受粉　b 他家受粉｜の機会が増える。

　　また，暗期の途中で光中断を行う実験において，光中断に有効な光は **❸** 色光である。つまり，光周性の光受容体として **❹** が働いている。

A 短日植物のオナモミを用いて花芽形成の実験を行った。下の文章の空欄**❺**〜**❽**に適語を入れよ。

実験 A	実験 B	実験 C	実験 D		実験 E
長日条件	短日処理		短日処理	つぎ木	短日処理

❻

花芽形成　×　　　○　　　×　　　○　　　×　○

　　実験A〜Cより，花芽形成に必要な暗期は **❺** で感知されることがわかる。実験Eでは矢印の位置で形成層の外側をはぎ取る **❻** とよばれる処理を行った。実験DとEの結果から，**❻**を施した先には短日処理の効果が伝わらないことがわかる。これらのことから，日長は**❺**で感知され，**❺**で花芽の分化を誘導する **❼** がつくられ，**❽** を通って芽に移動し，花芽の分化を誘導すると考えられる。

C 次の文章の空欄**❾**・**❿**に適語を入れよ。

　　❼の実体は長い間不明であったが，近年，短日植物であるイネでは **❾** とよばれるタンパク質が，長日植物であるシロイヌナズナでは **❿** とよばれるタンパク質が**❼**の正体であると報告された。

出るポイント

- 日長は1年周期で徐々に変わっていくので，**気温よりも正確に時期を知るシグナル**となる。
- 日長条件で花芽形成が起こることは，播種時期がずれても同種の植物が同じ時期に開花するので，**他家受粉の機会が増える**。これにより，遺伝的な多様性が増加する。
- 光中断には赤色光が有効であり，光受容体はフィトクロムである。
- 花芽形成に必要な暗期は葉で感知され，葉でフロリゲンが合成される。
- フロリゲンは師管を通って芽に移動し，花芽の分化を誘導する。
- フロリゲンは種が異なっても有効である。

解　説：短日植物の播種時期と開花時期

ほぼ同じ時期に開花する

中性植物だと，播種時期がずれると，開花時期もずれてしまうよ

解　答

❶ a　❷ b　❸ 赤　❹ フィトクロム　❺ 葉　❻ 環状除皮　❼ フロリゲン〔花成ホルモン〕　❽ 師管　❾ Hd3a　❿ FT

いろいろな植物ホルモン①〜ジベレリン・エチレン

A☐ **❶** 一定の**低温状態**を経験することによって，花芽形成が促進される現象を何というか。

A☐ **❷** 一般に，❶の現象がみられるのは，長日植物，短日植物のどちらか。

A☐ **❸** 低温を経験させなくても，ある植物ホルモンで処理することによって，❶の処理を代行し，花芽形成を誘導することができる。この植物ホルモンは何か。

A☐ **❹** イネの**馬鹿苗病菌**から発見された植物ホルモンは何か。

A☐ 次の文章の空欄**❺・❻**に適語を入れよ。

　　❹の働きには，種子の発芽促進の他に，受粉なしに果実を形成させる　**❺**　とよばれる現象を促進するので，種なし　**❻**　の生産に用いられる。

A☐ **❼** 果実の成熟を促進させる植物ホルモンは何か。

A☐ 次の文章の空欄**❽・❾**に適語を入れ，**❿・⓫**の｜　｜内から正しいものを選べ。

　　❼は植物から放出される　**❽**　のホルモンであるため，空気を通して周辺にも作用する。例えば，未熟なバナナを成熟したリンゴと一緒に密閉した容器に入れておくと，バナナは通常よりも早く成熟する。また，❼は　**❾**　刺激によっても放出され，植物の**❿**｜a 伸長　b 肥大｜成長を抑制し，**⓫**｜a 伸長　b 肥大｜成長を促進する。

A☐ 次の文章の空欄**⓬〜⓯**に適語を入れよ。

　　落葉が起こるのは，葉柄のつけ根に　**⓬**　という細胞層がつくられるためである。⓬の形成を，植物ホルモンの　**⓭**　は抑制し，　**⓮**　は促進する。したがって，　**⓯**　によって落葉が促進される。

出るポイント

- **低温**にさらされることで花芽を形成できるようになる
  現象を**春化**という。
- 低温（冬）を経験した後に花芽形成することで，季節
  を誤認して秋に開花するのを防ぐ。
- ジベレリン処理によって春化処理を代行できる。
- ジベレリンは茎の伸長成長の促進，種子の発芽促進，
  単為結実などの働きをもつ。
- エチレンは気体のホルモンで，果実の成熟促進，離層
  の形成促進などの働きをもつ。

解　説：離層の形成における植物ホルモンの働き

エチレンだけじゃなくて
オーキシンも関係してい
るんだね

解　答

❶ 春化　❷ 長日植物　❸ ジベレリン　❹ ジベレリン
❺ 単為結実　❻ ブドウ　❼ エチレン　❽ 気体　❾ 接触
❿ a　⓫ b　⓬ 離層　⓭ オーキシン　⓮ エチレン
⓯ エチレン

A☑ ❶ 細胞分裂を促進し，また側芽の成長を促進する働きをもつ植物ホルモンは何か。

A☑ 次の文章の空欄❷〜❹に適語を入れよ。

種子の休眠を促進したり種子の発芽を抑制する働きをもつ植物ホルモンは ❷ である。このホルモンは ❸ の合成を誘導し，落葉を ❹ する。

A☑ 次の現象またはことがらに関与する植物ホルモンとして，最も適当なものをそれぞれ1つずつ答えよ。

❺ 果実の成熟促進

❻ 種子の発芽促進

❼ 側芽の成長抑制

❽ 側芽の成長促進

❾ 花芽の形成

❿ 単為結実

⓫ 気孔の閉鎖

覚えることがいっぱい

忘れては覚え直す
ちょっとずつ覚えていこう

かる〜くいこう

第7節

第8節

第9節

第10節

第11節

第12節

出るポイント

- ●オーキシン……茎の伸長促進，頂芽優勢，離層形成の抑制
- ●ジベレリン……種子の発芽促進，単為結実，イネの馬鹿苗病菌から発見
- ●サイトカイニン……細胞分裂の促進，側芽の成長促進
- ●アブシシン酸……種の休眠の促進，種子の発芽抑制，気孔の閉鎖
- ●エチレン……果実の成熟促進，落葉の促進，気体

解　説：植物の生活と植物ホルモン

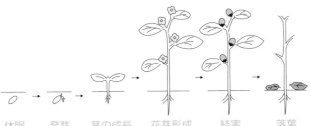

休眠	発芽	茎の成長	花芽形成	結実	落葉
+アブシ シン酸	+ジベレリン	**伸長成長** +オーキシン +ジベレリン **肥大成長** +エチレン	+フロリゲン	+ジベレリン +オーキシン	+エチレン +アブシ シン酸 −オーキシン

（＋は促進的，−は抑制的に作用）

解　答

❶ サイトカイニン　❷ アブシシン酸　❸ エチレン　❹ 促進
❺ エチレン　❻ ジベレリン　❼ オーキシン　❽ サイトカイ
ニン　❾ フロリゲン〔花成ホルモン〕　❿ ジベレリン
⓫ アブシシン酸

個 体 群

A□ **❶** ある地域に生息する同種の個体の集まりを何という
か。

B□ **❷** ❶の分布には，ランダム分布，集中分布，一様分布が
ある。次のa〜cはそれぞれどの分布様式か。

   a 個体群の競争が激しかったり，それぞれの個体が一
定空間を占有する傾向があるときにみられる。

   b 群れをつくる動物などにみられる。

   c 小さい種子が風で散布されるような植物などにみら
れ，一個体の存在が他の個体の存在位置に影響を与え
ない。

A□ 次の文章の空欄❸〜❼に適語を入れよ。

   ❶の個体数が増えていくことを❶の **❸** といい，そ
の過程を示したグラフを❸曲線という。下図のアは，増
殖に必要な資源に制限のない場合のグラフで，指数関数
的に増加しているが，実際には **❹** の不足，**❺** の
不足，**❻** の蓄積などにより，イのグラフのように，
個体数の増加とともに増加率が減少して，個体数が一定
になる。このときの個体数の値を **❼** という。

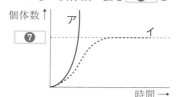

A□ **❽** ある生物が生活する単位空間あたりの個体数を何とい
うか。

A□ **❾** ❽が，個体や❶の成長，あるいは個体の生理的・形態
的な性質に変化を生じさせることを何というか。

> 個体数が増すにつれて，資源をめぐ
> る個体間の競争も激しくなるよね

出るポイント

- 個体数の成長曲線はS字状で，一定の値に近づく。この限度の値を**環境収容力**という。
- 個体群密度が増加するに従って，食物や生活空間の不足，排出物の増加などにより，**個体群の成長が妨げられる**ため，**成長曲線はS字状になる**。
- 個体群密度は，**個体群の成長**，あるいは個体の生理的，形態的な性質に変化を生じさせる。これを密度効果という。

解　説：個体群の中での個体の分布

集中分布　　　　　　　　一様分布　　　　　　　ランダム分布

特定の場所に集まった分布。群れをつくる動物など。

資源をめぐる競争の結果，他の個体を避けるために生じることがある。

他の個体の位置と無関係に存在する。

一様分布は縄張りをもつ生物でみられるよ

自然界で最もよくみられるのは集中分布なんだって

解　答

❶ 個体群　❷ a 一様分布　b 集中分布　c ランダム分布
❸ 成長　❹・❺ 食物〔資源〕・生活空間　❻ 排出物　❼ 環境収容力　❽ 個体群密度　❾ 密度効果

個体数の推定法

A▢ **❶** 生息地域に一定の広さの区画をつくり，その中の個体数を数えて，得られた結果から地域全体の個体数を推定する方法を何というか。

A▢ **❷** ❶の方法で個体数を推定するのに適しているのはどのような生物か。

A▢ **❸** 下図のように，測定場所に一定面積の区画を20個設け，20区画内の個体数を調査したところ，その合計が n 個体であった。測定場所全体の面積を A，20区画合計の面積が B である場合，この測定場所に存在する個体数はいくらか。求める式を記せ。

測定場所全体の面積 A

区画 1 ～20個

A▢ **❹** ある数の個体を捕獲し，それらに標識をつけてから放す。個体が十分に混ざり合ったあと，再びある数の個体を捕獲し，捕獲した個体に含まれる標識個体の数から個体群全体の個体数を求める方法を何というか。

A▢ **❺** ❹の方法で個体数を推定するのに適しているのはどのような生物か。

A▢ **❻** 次のa～dのうち，❹の方法に必要な条件ではないものを選べ。

  a つけられた標識が調査期間中に脱落しない。

  b 調査期間中に出生や移入がない。

  c つけた標識がその個体の行動や生存に影響がない。

  d 1回目の捕獲数の方が2回目よりも多い。

A▢ **❼** ある池にいるフナを一定の方法で捕獲したところ，191個体が捕獲された。これらに標識をつけて池に放流した。一定期間後，再び同じ方法でフナを捕獲したところ，146個体が捕獲され，そのうち標識のついていた個体は89個体であった。この池にいるフナの個体数を推定せよ。

第7節

第8節

第9節

第10節

第11節

第12節

出るポイント

- 区画法は**動かない動物**や**植物**の個体数の推定に，標識再捕法は**動き，行動範囲の広い動物**などの個体数の推定に用いられる。

- 標識再捕法は，以下の式から個体数を推定する。

$$\frac{1回目に捕獲した個体数\ c}{全体の個体数\ N} = \frac{再捕獲した標識個体数\ r}{再捕獲した個体数\ m}$$

より $N = c \times \dfrac{m}{r}$

解　説：個体数の推定法の計算（❸，❼の解説）

区画法

❸について

	面積	個体数
全　体	A :	N
20区画	B :	n

よって $N = \dfrac{A}{B} \times n$

標識再捕法

❼について

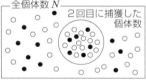

全個体数 N

2回目に捕獲した個体数

1回目の捕獲数　191個体
2回目の捕獲数　146個体
2回目に捕獲した個体のうち，標識個体89個体

●：1回目に捕獲して標識した個体

よって，$N = 191 \times \dfrac{146}{89} = 313.3\cdots ≒ 313$個体

1回目と2回目の捕獲数の多少は関係ないよ。（❻のd）

解　答

❶ 区画法　❷ 固着生活をする動物や植物　❸ $\dfrac{A}{B} \times n$

❹ 標識再捕法　❺ よく動き，行動範囲が広く，見つけにくい動物　❻ d　❼ 313個体

テーマ114

密度効果

A☐ 次の文章の❶〜❸の｜　｜内から正しいものを選べ。

個体群密度が大きくなると，1個体が利用できる食物や生活空間は❶｜a　増加　b　減少｜し，出生率や個体の成長速度が❷｜a　上昇　b　低下｜して，死亡率は❸｜a　上昇　b　低下｜する。

A☐ 次の文章の❹・❺の｜　｜内から正しいものを選び，空欄❻に適語を入れよ。

下図は，ダイズをいろいろな個体群密度で栽培したときの，1個体の平均重量（g乾量）と単位面積あたりの植物体の質量（g乾量/m²）を示したものである。

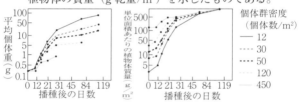

グラフより，84日後では，高密度で栽培された個体では低密度で栽培された個体に比べて個体重は❹｜a　大きい　b　小さい｜が，単位面積あたりの植物体の質量は❺｜a　大きい　b　小さい　c　変わらない｜ことがわかる。これは，[　❻　]の法則とよばれている。

B☐ 次の文章の❼〜❿の｜　｜内から正しいものを選べ。

個体群密度の変化は，産卵数や死亡率の変化以外にも影響を及ぼす場合がある。ワタリバッタは幼虫期に個体群密度が低い状態で育った個体は，後肢が❼｜a　長く　b　短く｜，集合性が❽｜a　あり　b　なく｜，移動性が❾｜a　高く　b　低く｜，❿｜a　単独で　b　群れて｜生活する。また，個体群密度が高い状態で育った個体は，これらの特徴が逆になっている。

A☐ ⓫　上述の，個体群密度の違いにより，同一種の個体の形態や行動などが大きく変化する現象を何というか。

第7節

第8節

第9節

第10節

第11節

第12節

出るポイント

- 個体群密度が個体の成長や個体の生理的・形態的な性質に変化を生じさせることを，密度効果という。
- 個体群密度が異なっても，単位面積あたりの植物体の質量は一定である。これを最終収量一定の法則という。
- 個体群密度に応じて，同一種の個体の形態や行動に著しく違いが生じることを相変異という。

解　説：ワタリバッタの孤独相と群生相

	集合性	移動性	産卵数	発育速度
孤独相	なし	低い	多い	遅い
群生相	あり	高い	少ない	速い

孤独相

群生相

↓胸の部分が隆起
後肢が長い
体色：緑色

↓胸の部分が平ら
後肢が短い
体色：黒っぽい

 見た目も性質もすごく違うんだね

これが同種のバッタとは思えないね

解　答

❶ b　❷ b　❸ a　❹ b　❺ c　❻ 最終収量一定
❼ a　❽ b　❾ b　❿ a　⓫ 相変異

A☐ ❶　産まれた卵や子が成長するにつれて，**どのように減っ
ていくか**を示した表を何というか。

A☐ ❷　産まれた子の生存個体数の変化を時間を追ってグラフ
にしたもの（❶をグラフにしたもの）を何というか。

A☐　次の文章の空欄❸・❹に適語を入れ，❺〜❿の｜　｜内
から正しいものを選べ。

　　❷は大別すると下図の３つの型に分けられる。グラフ
の縦軸が**対数目盛り**のとき，グラフの傾きは　❸　を表
す。この３つの型は産卵数と幼齢期における　❹　の程
度と関係がある。A型は産卵数が❺｜a　多く　b　少な
く｜，❹が❻｜a　十分である　b　ない｜動物にみられ，
幼齢期の❸が❼｜a　高い　b　低い｜。C型は産卵数が
❽｜a　多く　b　少なく｜，❹が❾｜a　十分である
b　ない｜動物にみられ，幼齢期の❸が❿｜a　高い
b　低い｜。B型は各時期の❸がほぼ一定である。

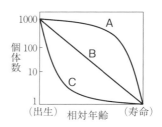

A☐　次の⓫〜⓯の動物は，それぞれ上図のA型〜C型のどの
型になるか，記号で答えよ。

⓫　シジュウカラ　　⓬　ニホンザル　　⓭　イワシ

⓮　トカゲ　　⓯　ミツバチ

ミツバチは社会性昆虫だから要注意だよ

出るポイント

- 出生後の時間経過とともに，産まれた子の生存個体数がどのように減っていくかを表に示したものを生命表，グラフにしたものを生存曲線という。
- 生存曲線では，縦軸が対数目盛りのとき，グラフの傾きは死亡率を表す。
- 生存曲線は，A 晩死型，B 平均型，C 早死型の3つの型に分けられ，産卵数と幼齢期における親の保護の程度に関係がある。

解　説：生存曲線

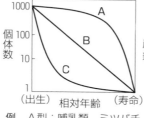

縦軸が対数目盛りになってるよ

産卵数　　A＜B＜C
親の保護　A＞B＞C

例　A型：哺乳類，ミツバチ
　　B型：鳥類，は虫類
　　C型：多くの魚類，水生無脊椎動物

A型の動物は，1回の産卵数が少なく，親が子を手厚く保護するので，幼齢期の死亡率が小さいね

C型の動物は，たくさん卵を産むけど，親が保護しないから幼齢期にほとんど死んでしまうね

解　答

❶ 生命表　❷ 生存曲線　❸ 死亡率　❹ 親の保護　❺ b
❻ a　❼ b　❽ a　❾ b　❿ a　⓫ B　⓬ A
⓭ C　⓮ B　⓯ A

第7節

第8節

第9節

第10節

第11節

第12節

生物の繁殖戦略

B ☑ 次の文章の❶〜❾の｜　｜内から正しいものを選べ。

　雌の体の大きさやもっている栄養分の量には限りがあるので，1回で産む卵の数と大きさには関係がある。すなわち，❶｜a 小さな　b 大きな｜卵を産む雌は産卵数が多く，❷｜a 小さな　b 大きな｜卵を産む雌は産卵数が少ない。

　気候や食物の量の**変動が激しい**場所では，そこにすむ種にとって生活に適した期間がいつまで続くか予測できない。このため，このような場所にすむ動物は繁殖を始める年齢が❸｜a 低く　b 高く｜，❹｜a 小さな　b 大きな｜卵を数❺｜a 多く　b 少なく｜産んで，**子を広く分散させよう**という形質をもつ。

　気候や食物の量の**安定している**場所では，個体群密度が高密度で安定していることが多い。このため，このような場所にすむ動物は，互いに競争して生活しているので，繁殖を始める年齢が❻｜a 低く　b 高く｜，❼｜a 小さな　b 大きな｜卵を数❽｜a 多く　b 少なく｜産む。さらには，親の保護が❾｜a 発達している　b ない｜種も多い。こうして，大きな子を育てて，**他者との競争力を高めよう**としている。

安定した環境では，みんなそこにすみたいから，他者との競争が起こってたいへんだね

変動の激しい場所では，自分がすぐに死んじゃうかもしれないから早く成長して，すぐに繁殖するよね

あと，子を広く分散させるから，好適な場所ができるといち早く侵入して，ライバルが入ってくる前に繁殖してしまうって感じだよね

繁殖するための方法（戦略）の違いというわけだね

出るポイント

- **不規則に変化する**環境で生息する種は早熟で，**小さい が多くの卵を産んで，子を広く分散させる。**
- 多くの卵は死亡してしまうが，他者との競争の少ない 場所に侵入したものは，他者に先がけて繁殖する。
- **安定した環境**で生息する種は，他者との競争に勝つた め，**大きい卵を産み，大きく育てて競争力を高めさせ る。**
- 大きい卵を産むため，産卵数は少なくなり，また自身 が十分に成長してから卵を産むので，遅熟となる。

解　説：環境と繁殖戦略（繁殖方法）

環境	変動の激しい環境	安定した環境
生息す る生物 の特徴	・小卵多産 ・親の保護がない ・子を分散させる ・成長がはやい ・繁殖を開始する年齢が低い ・寿命が短い	・大卵少産 ・親の保護が発達 ・子の分散力は低い ・成長がおそい ・十分成長してから繁殖する ・寿命が長い
個体群 密度	大規模な減少や増殖など大き な変動がみられる。	環境収容力付近で安定する。

植物でも，同じようなことがいえるよ

遷移の初期の植物は，変動の激しい環境で生育するので小 さい種子をたくさんつくり，散布力が大きいんだよね

遷移の後期（極相）の植物は，安定した 環境で生育するので，大きな種子を少量 つくり，散布力が小さいんだよね

解　答

❶ a **❷** b **❸** a **❹** a **❺** a **❻** b **❼** b
❽ b **❾** a

テーマ 117 個体群の齢構成

A☐ ❶ 個体群における世代や年齢ごとの個体数の分布を何というか。

A☐ ❷ 個体群内の個体を年齢に分けて，それぞれの個体数を積み重ねて図示したものを何というか。

B☐ ❸ ❷は下図に示すように3つの型に大別できる。A～Cそれぞれの型の名称を答えよ。

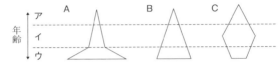

B☐ ❹ 上図において，図中のア～ウの年齢層のうち，生殖期はどれか。

B☐ ❺ 出生率が高く，生殖期以前の死亡率が高い個体群は上図のA～Cのうちどれか。

B☐ ❻ 出生率が❺より小さく，各齢の死亡率が寿命近くまでほぼ一定で低い個体群は上図のA～Cのうちどれか。

B☐ ❼ 出生率が年々減少している個体群は上図のA～Cのうちどれか。

B☐ 次の文章の❽～⓫・⓭ ｜ ｜内から正しいものを選び，空欄⓬に適語を入れよ。

　　上図に示したような❷の形から，個体群の今後の成長や衰退などの変化を予測することができる。将来，個体群が成長すると考えられるのは❽｜a A型　b B型　c C型｜である。これは，現在の❾｜a 生殖期以前　b 生殖期｜の個体数が多いことからわかる。逆に，⓾｜a A型　b B型　c C型｜は将来，個体群が衰退すると考えられる。そして，⓫｜a A型　b B型　c C型｜は ⓬ 期の個体数が現在と近い将来で大きな変化がないと考えられるので，個体群の大きさは⓭｜a 成長する　b 衰退する　c 変化しない｜と考えられる。

出るポイント

- 個体群において，各年齢ごとの個体数の分布を齢構成（れいこうせい）といい，齢構成を図に示したものを年齢（ねんれい）ピラミッドという。
- 年齢ピラミッドは幼若型，安定型，老齢型の3つの型に大別される。
- 幼若型は，今後，生殖期の**個体数が増加する**ので，個体群が成長すると考えられる。
- 安定型は，現在と近い将来の生殖期の**個体数が変わらない**ので，個体群は変動しないと考えられる。
- 老齢型は，この後，生殖期の**個体数が減少する**ので，個体群が衰退すると考えられる。
- 年齢ピラミッドの形により，個体群の今後の変化を予測することができる。

解　説 ：年齢ピラミッドの3つの型

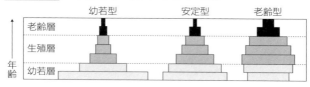

　現在の日本は老齢型に近いよね

ここは大まかな知識でいいよ。かるくいこう　

解　答

❶ 齢構成　❷ 年齢ピラミッド　❸ A 幼若型　B 安定型
C 老齢型　❹ イ　❺ A　❻ B　❼ C　❽ a　❾ a
❿ c　⓫ b　⓬ 生殖　⓭ c

第7節

第8節

第9節

第10節

第11節

第12節

第11節　個体群と生物群集　245

群　れ

A☐　次の文章の❶の｜　｜内から正しいものを選び，空欄❷
～❺に適語を入れよ。

　　❶｜a 同種　b 異種｜の個体が，統一的な行動をとる
ような集団を群れという。群れをつくることによって，
　❷　から逃れやすくなり，　❸　を効率的に見つけて
獲得するのに都合がよい。また，　❹　を見つけやすく
なるなど，**繁殖活動が容易になる**。一方，群れをつくる
ことにより　❺　をめぐる競争が強く現れたり，排泄物
によって生育環境が汚染されるなどの不利益もある。

A☐　ハトの群れの大きさとタカ（捕食者）の発見効率の関係
について，次の文章の｜　｜内から正しいものを選べ。

　　群れが大きいと，ハトがタカを発見できる距離は
　❻｜a 長く　b 短く｜なるので，タカの攻撃成功率は
　❼｜a 増加する　b 低下する｜。

A☐　次図は，ある鳥類における群れの大きさと各個体の行動
時間の関係を示したものである。

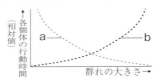

　　群れ内の1個体でも捕食者に気づけば，群れ全体が逃
げることができる。したがって，群れが大きくなると，
各個体が周囲を警戒する時間が❽｜a 長くなる　b 短
くなる｜ので，上図で警戒時間のグラフは❾｜a　b｜で
ある。しかし，群れが大きいと，個体間で争う時間が
❿｜a 長くなる　b 短くなる｜ので，上図で個体間で争
う時間のグラフは⓫｜a　b｜である。そのため，**警戒と
争いに費やす時間の合計が最も**⓬｜a 長くなる　b 短
くなる｜とき，採食に最も多くの時間を費やせるので，
このとき群れの大きさは最適な群れの大きさといえる。

出るポイント

- 採食や繁殖などのためにつくる同種の個体の集団を**群れ**とよぶ。
- 群れをつくることには，**捕食者から逃れやすく，食物や繁殖相手を見つけやすい**などの利点がある。
- 群れが大きいと，捕食者をより遠方で発見できるので，捕食者から逃れやすくなる。
- 群れが小さいと，各個体が周囲を警戒する時間が長くなり，群れが大きいと個体間で争う時間が長くなる。
- **警戒時間と争う時間の合計が最も短くなるとき，採食に最も多くの時間を費やすことができ**，このときが，最適な群れの大きさである。

解　説：最適な群れの大きさ

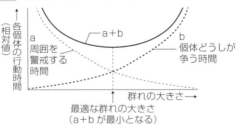

外敵（捕食者）が多くなると，最適な群れの大きさが大きくなるよ

どうして？

警戒力を大きくしないといけないからね

解　答

❶　a　❷　捕食者〔天敵〕　❸　食物　❹　繁殖相手　❺　食物
❻　a　❼　b　❽　b　❾　a　❿　a　⓫　b　⓬　b

縄張り① 〜密度と縄張りの関係

A☐ 次の図は，ある河川におけるアユの密度と，群れアユと縄張りアユの割合，および体長との関係を示したものである。下の文章の❶〜❸，❺〜❾の｜　｜内から正しいものを選べ。また，空欄について，❹は30字程度の文を，❿は適語を答えよ。

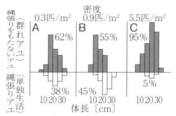

密度が0.9匹/m²（中程度の密度）のとき，群れアユより縄張りアユの方が体長が❶｜a 大きい　b 小さい｜。これは，❷｜a 群れ　b 縄張り｜を形成することで，食物を確保できたが，❸｜a 群れアユ　b 縄張りアユ｜では十分に食物を得ることができなかったためと考えられる。

密度が0.3匹/m²（低密度）のとき，群れアユと縄張りアユで体長の大きさに差がみられないのは　❹　ためである。

密度が5.5匹/m²（高密度）のときには，縄張りアユがほとんどいない。これは，密度が上昇するにつれて，他の個体が縄張り内に侵入する回数が❺｜a 多く　b 少なく｜なる。このため，これを追い払う回数が❻｜a 増え　b 減り｜，それに費やす時間が❼｜a 多く　b 少なく｜なる。このように，**縄張りを維持する労力が❽**｜a 大きく　b 小さく｜なり，**縄張りから得られる利益**よりも❾｜a 大きく　b 小さく｜なると，縄張りアユは縄張りを解消して　❿　になる。このため，高密度になると縄張りアユの割合が著しく少なくなる。

第7節

第8節

第9節

第10節

第11節

第12節

出るポイント

- 一定の空間を占有し，他の個体の**侵入を排除する**空間を縄張りという。日常的に行動する範囲であるが，防御しない空間を行動圏という。
- 採食縄張りを形成している個体は，縄張りをもたない個体（群れで生活する個体）より，食物を確保できる。
- 縄張り内に侵入した他の個体を追い払うので，**縄張りを維持するには労力（コスト）が必要**となる。
- **縄張りから得られる利益よりも，縄張りの維持にかかる労力の方が大きくなると，縄張りを解消して群れで**生活するようになる。

解　説：密度と縄張りの関係（左ページのグラフについて）

- 中程度の密度のとき（B）
  縄張りを形成している利点が最もよく現れている。
  →縄張りアユの方が群れアユより体長が大きい。
- 低密度のとき（A）
  アユが少ないので，どの個体も十分に食物を得られる。
  →縄張りアユと群れアユの体長に差がない。
- 高密度のとき（C）
  追い払う回数が増えるので，食物を食べる時間が少なくなる。利益より労力の方が大きくなる。
  →縄張りを解消して，群れアユとなる。

追い払うことばかりに時間が取られて，えさを食べる暇がなくなっちゃうんだよね

解　答

❶ a ❷ b ❸ a ❹ 低密度なので，群れアユも縄張りアユも食物を十分に得ることができる ❺ a ❻ a ❼ a
❽ a ❾ a ❿ 群れアユ

縄張り②〜最適な縄張りの大きさ

A☑ 次図は縄張りの大きさと，縄張りから得られる利益または縄張りを維持するのに必要な労力の関係を示したものである。下の文章の空欄**❶**に適語を入れ，**❷**〜**❼**の┤├内から正しいものを選べ。

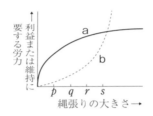

採食縄張りにおいて，縄張りが大きいほど得られる食物の量は多くなるが，限られた時間内に採れる食物の量には **❶** がある。したがって，上図において，得られる利益のグラフは**❷**┤a　b├である。また，縄張りを維持するのに必要な労力は，縄張りが**❸**┤a　大きくなるほど大きくなる　b　大きくなっても一定である├。したがって，上図において，縄張りを維持するのに必要な労力のグラフは**❹**┤a　b├である。

上図において，縄張りの大きさが**❺**┤*p*　*q*　*r*　*s*├以上になると縄張りをつくらない。最適な縄張りの大きさは**❻**┤*p*　*q*　*r*　*s*├である。また，個体群密度が高い場合には，最適な縄張りの大きさは**❼**┤a　大きく　b　小さく├なる。

第7節
第8節
第9節
第10節
第11節
第12節

出るポイント

- 縄張りが大きくなるほど、得られる食物は多くなるが、限られた時間内に採れる食物の量には限度があるので、**利益のグラフは頭打ちになる。**
- 労力は縄張りが大きくなるほど大きくなる。
- 利益＜労力 となる条件では、縄張りをつくらない。
- 利益－労力 が最大となるときが、**最適な縄張りの大きさとなる。**
- 個体群密度が高くなると、縄張りを維持するのに必要な労力が大きくなるので、最適な縄張りの大きさは小さくなる。

解　説：最適な縄張りの大きさ

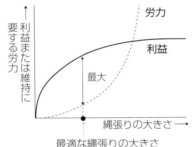

最適な縄張りの大きさ

 いくら食物がたくさんあっても腹一杯食べたら、それ以上食べられないよね

だから、利益のグラフは頭打ちになるんだね

解　答

❶ 限度　❷ a　❸ a　❹ b　❺ s　❻ q　❼ b

順位制とつがい関係

B☑ 次の文章の空欄❶～❹に適語を入れよ。

　　群れの中で強い個体と弱い個体の間に**優劣の関係**ができてしまうことがあり，このような関係によって群れの中で　❶　が少なくなり，群れの秩序が保たれる。このような制度を　❷　制という。❷制の極端な例は，1匹の優位な雄と複数の雌からなる群れで，これを　❸　という。また，このつがい関係を　❹　制という。

A☑ ❺ **つがい関係**には，乱婚制，一夫多妻制，一夫一妻制などがある。次のa～cはそれぞれどのつがい関係であるか。

　a　アゲハチョウの雌は，卵を産みっぱなしにしてしまうので，卵や幼虫は天敵に襲われやすく，死亡率が高い。そこで雌は，一生の間に何度も交尾を行い，生存に有利な形質の遺伝子を得る確率を高めている。

　b　雌雄の体格差が大きいゾウアザラシなどの種にみられ，大きな雄が雌や雌が産んだ子どもを守るので，雌は雄を選んでつがいとなる。

　c　雌雄に体格差があまりなく，生まれた子どもを世話したり保護したりするのに雌だけでは負担が大きい種にみられる。

A☑ ❻ ある種の鳥では，繁殖期のはじめに雄が縄張りをつくり，そこに雌が入って繁殖する。次の(1)・(2)の場合，どのようなつがい関係になるか。

（1）　雄がつくる縄張りの質の差が小さい場合

（2）　雄がつくる縄張りの質の差が大きい場合

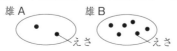

出るポイント

- 群れの中で，強い個体と弱い個体の優劣関係における個体間の序列を順位という。
- 順位制により，群れ内の争いが少なくなり，**群れの秩序が保たれる**。
- 群れの中で，順位の高い個体ほど多くの交配相手を得ることができるので，順位制はつがい関係と密接に関係している。
- つがい関係には，乱婚制，一夫多妻制，一夫一妻制などがある。

【解　説】：縄張りとつがい関係

❻について

(1) 縄張りの質の差が小さい場合，1つの縄張りに1匹の雌しか入らない。

　　→　一夫一妻制

(2) 雄がつくる縄張りの質の差が大きい場合，雄Aの縄張りでは得られる利益が少ないが，雄Bの縄張りに2匹の雌が入っても，雄Aの縄張りから得られる利益より大きくなる。

　　→　一夫多妻制

一夫多妻制は，雄どうしの力関係で生じると思っていたけど，上記のように，雌が雄を選ぶ結果，一夫多妻制が生じることもあるんだね

つがい関係はその動物が置かれている環境によって変わるんだね

【解　答】

❶ 争い　❷ 順位　❸ ハレム　❹ 一夫多妻　❺ a　乱婚制
b　一夫多妻制　c　一夫一妻制　❻ (1) 一夫一妻制
(2) 一夫多妻制

122 共同繁殖・社会性昆虫

A☐ **❶** 哺乳類や鳥類では，親以外の成体が協力して子の世話をする場合がある。このような繁殖様式を何というか。

A☐ **❷** ❶で，子育てに参加する親以外の個体を何というか。

A☐ **❸** ❷のように，自分の生存や繁殖の機会を減らしてまで，群れ内の他個体の生存や繁殖の行動を手助けするような行動を何というか。

A☐ 次の文章の空欄❹〜❼に適語を入れよ。

ハチ，アリ，シロアリなどは **❹** 昆虫とよばれる。一般に，1つの集団内で**生殖を行う個体は限られており**，大多数の個体は生殖を行わず，食物を集めたり幼虫の世話を行ったりする個体（ワーカー）や敵から巣を守る個体（兵隊）など， **❺** がみられる。

❹昆虫は，同じ母親（女王）から生まれた個体，つまり **❻** 関係にある個体の集団である。ワーカーは自分の子を残さない代わりに，❻関係にある個体の子を育てることにより，自分の **❼** を次代に残すことになる。

A☐ **❽** 個体間で，共通の祖先に由来する特定の遺伝子をともにもつ確率を何というか。

A☐ **❾** 親子の❽は $\frac{1}{2}$ である。兄弟姉妹の❽はいくらか。

A☐ 次の文章の空欄❿・⓫に適語を入れよ。

ある個体が一生の間に産む子のうち，繁殖可能な年齢まで成長した数を **❿** という。❿はある個体がある環境に対してどの程度適応しているかの指標となる。❷のような個体は自身は繁殖しないので，❿は0となるが，姉妹など❻関係にある個体が産んだ子であれば，自分と同じ❼をある程度もっているので，その育児を手伝って繁殖を助けることで，自分の❼を次代に残すことができる。

このように，自らが残す子の数だけでなく，自分と共通の❼をもつ個体も含めて，自己の遺伝子を次代にどれだけ残せるかを示す尺度を **⓫** という。

出るポイント

- 親以外の成体が協力して子の世話をする繁殖様式を共同繁殖といい，このときに子育てに参加する親以外の個体をヘルパーという。
- 自身の繁殖の機会を減らしてまで他個体の生存や繁殖の行動を手助けする行動を利他行動という。
- ある個体が一生の間に産む子のうち，繁殖可能な年齢まで成長した数を適応度という。
- 血縁の個体も含めて自己の遺伝子を次代にどれだけ残せるかを示す尺度を包括適応度という。

解　説：血縁度について（**9**について）

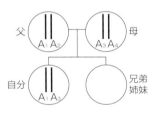

この両親から生まれる子の遺伝子型は，次表に示す4通り

	A_3	A_4
A_1	A_1A_3 (ア)	A_1A_4 (イ)
A_2	A_2A_3 (ウ)	A_2A_4 (エ)

仮に，この両親から生まれた個体（自分）の遺伝子型が A_1A_3 とすると，兄弟姉妹の遺伝子型は上表の(ア)～(エ)のどれかになるので，血縁度は次のようになる。

$$\underset{\substack{(ア) \\ \uparrow \\ 自分と \\ 同じ遺 \\ 伝子を \\ もつ}}{1} \times \underset{\substack{\uparrow \\ (ア)になる \\ 確率 \\ (以下同じ)}}{\frac{1}{4}} + \underset{\substack{(イ) \\ \uparrow \\ 自分と半分 \\ 同じ遺伝子 \\ をもつ}}{\frac{1}{2}} \times \frac{1}{4} + \underset{\substack{(ウ) \\ \uparrow \\ 自分と半分 \\ 同じ遺伝子 \\ をもつ}}{\frac{1}{2}} \times \frac{1}{4} + \underset{\substack{(エ) \\ \uparrow \\ 自分と同じ \\ 遺伝子をも \\ たない}}{0} \times \frac{1}{4} = \frac{1}{2}$$

解　答

1 共同繁殖　**2** ヘルパー　**3** 利他行動　**4** 社会性
5 分業　**6** 血縁　**7** 遺伝子　**8** 血縁度　**9** $\dfrac{1}{2}$
10 適応度　**11** 包括適応度

A☐ ❶ 食物や生活場所などが似ている異種の個体群の間で，その要求をめぐって起こる争いを何というか。

A☐ ❷ ある種がどのような資源をどのように利用するか，つまり，どのような場所にすみ，どのような役割を果たしているかなど，**生態系の中で占める位置**を何というか。

A☐ 次の文章の❸の｜ ｜内から正しいものを選び，空欄❹・❺に適語を入れよ。

　個体群の間で，❷の重なりが大きいほど❶の程度は❸｜a 強く　b 弱く｜なる。❶の結果，**一方の種が他方の種を駆逐すること**を　❹　という。しかし，生活上の要求が微妙に異なっている両者は共存できる。生活空間や生活時間を違えて共存している場合を　❺　という。

C☐ ❻ ❺のように，それぞれが利用する資源を分けることで❶を避け，共存を可能にする現象を何というか。

A☐ 次の文章の❼～❾，⓫～⓭の｜ ｜内から正しいものを選び，空欄⓾に適語を入れよ。

　ソバとヤエナリを単植したときと同じ本数ずつ同じ密度で混植したところ，下の図のようになった。

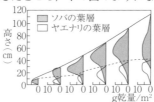

　この結果を次のように考えることができる。❼｜a ソバ　b ヤエナリ｜の方が高さの成長が速いため，❽｜a 上層　b 下層｜に位置する。このため，❾｜a ソバ　b ヤエナリ｜は　⓾　をあまり受けられなくなる。したがって，⓫｜a ソバ　b ヤエナリ｜の乾燥重量は単植のときと変わらないが，⓬｜a ソバ　b ヤエナリ｜の乾燥重量は単植のときと比べて著しく⓭｜a 増加　b 減少｜する。

第7節

第8節

第9節

第10節

第11節

第12節

出るポイント

● 異なる2種が同じ食べ物や生活場所などを奪い合う関係を（種間）競争という。

● 競争の結果，勝った方だけが生き残り，負けた方は絶滅してしまうことがある。この現象を競争的排除という。

● どのような資源をどのように利用するかなど，各生物が生態系の中で占める位置をニッチ（生態的地位）という。

● ニッチの重なりが大きいほど，種間競争が激しくなる。

● 生活上の要求が微妙にずれていると，共存できる。すみ場所を違えること（すみわけ）により，**競争を避け**，共存することができる。

解　説：ゾウリムシの種間関係

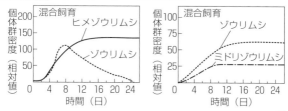

ゾウリムシとヒメゾウリムシは生活要求が似ているので，競争に負けた方は絶滅しちゃうんだ

 ゾウリムシとミドリゾウリムシは生活要求が微妙に違うから，共存できるのかな

ゾウリムシは上の方に，ミドリゾウリムシは下の方にすみわけをするんだって

解　答

❶ 種間競争　❷ ニッチ〔生態的地位〕　❸ a　❹ 競争的排除　❺ すみわけ　❻ ニッチの分割　❼ a　❽ a　❾ b　❿ 光　⓫ a　⓬ b　⓭ b

124 | 被食-捕食関係

A☐ **❶** 食うものと食われるものの関係を何というか。

A☐ 次の文章の**❷**～**❹**の┊　┊内から正しいものを選べ。

　　下図に示すように、食うもの（捕食者）と食われるもの（被食者）の個体数は**周期的な変動**がみられる場合があり、このとき、被食者の個体数は捕食者に比べて**❷**┊a 多い　b 少ない┊。また、**❸**┊a 被食者　b 捕食者┊の変動に少し遅れて**❹**┊a 被食者　b 捕食者┊の変動がみられる。

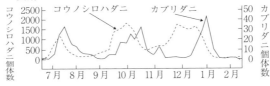

A☐ **❺** 上図で捕食者はどちらか。

A☐ 次の図および下の文章の空欄**❻**・**❼**に適語を入れ、**❽**の┊　┊内から正しいものを選べ。

　　ナナホシテントウがアブラムシを捕食することにより、アブラムシによるソラマメの食害が減少する。ナナホシテントウとソラマメのように、**直接的には被食-捕食の関係ではない**生物間でみられる影響を┃**❻**┃という。

　　アブラムシとヨモギハムシはともにヨモギを食べるので、┃**❼**┃の関係にある。ナナホシテントウがアブラムシを捕食することで、ヨモギハムシの個体数が**❽**┊a 増加　b 減少┊する。これも**❻**の例である。

第7節

第8節

第9節

第10節

第11節

第12節

出るポイント

- ●被食者の個体数(密度)は捕食者よりも多い(高い)。
- ●周期的変動がみられる場合,被食者の増減に**少し遅れ**
  て捕食者の増減がみられる。
- ●ある生物の存在が,その生物と被食-捕食の関係で直
  接つながっていない生物の生存に対して影響を及ぼす
  ことを間接効果という。

解 説 :被食者と捕食者の個体数の変動

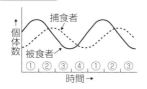

  被食者が増加すると捕食者も増加するよ

被食者が捕食によって減少すると,食物
がなくなるので,捕食者も減少するよ

  捕食者が減少すると,被食者は再び増加するよ

ぐるぐる回るみたいだね

解 答

❶ 被食者-捕食者相互関係 ❷ a ❸ a ❹ b ❺ カブ
リダニ ❻ 間接効果 ❼ (種間)競争 ❽ a

共生と寄生, 種間関係のまとめ

B☐ 次の文章の空欄**❶**〜**❹**に適語を入れよ。

異種の生物が密接なつながりを保って生活し, 互いに
または一方が相手の存在によって**利益を受けている**関係
を **❶** という。このうち, 互いに利益がある場合を
❷ , 一方のみが利益を受けて, 他方は利益も不利益
も受けない場合を **❸** という。また, 異種の生物が一
緒に生活するものの, 一方は利益を受け, 他方は不利益
を受ける関係を **❹** という。

B☐ 次の表の**❺**・**❻**に当てはまる記号（＋, －, ０）を記せ。
また, **❼**〜**⓫**に該当する生物例を下のa〜jのうちから
すべて選べ。

種間関係	種 A	種 B	A, Bの例
中 立	０	０	キリンとシマウマ
被食－捕食	**❺**		**❼**
種間競争	**❻**		**❽**
❷	＋	＋	**❾**
❸	＋	０	**❿**
❹	＋	－	**⓫**

このへんは
軽くいこう

＋：他方が存在することで, その種が利益を受ける
－：他方が存在することで, その種が不利益を受ける
０：影響なし

a カクレウオとフジナマコ　　b ナンバンギセルとススキ
c カブリダニとハダニ　　　　d ソバとヤエナリ
e ゾウリムシとヒメゾウリムシ　f ライオンとシマウマ
g 根粒菌とマメ科植物　　　　h アリとアブラムシ
i コバンザメとサメ　　　　　j サナダムシとウシ

B☐ **⓬** 種間競争の結果, 同じ場所にすむ種の形質が自然選択
によって変化する現象を何というか。

第7節

第8節

第9節

第10節

第11節

第12節

出るポイント

- 異なる種の生物が密接なつながりをもって生活することを共生という。
- 共生することで，互いに利益を受ける場合を相利共生，一方が利益を受け，他方は利益も不利益も受けない場合を片利共生という。
- 異種の生物が一緒に生活し，一方が他方から利益を受け，他方は害を受ける関係を寄生という。

解　説 : 種間関係のまとめ

種間関係	種 A	B	A，Bの例
中　立	0	0	キリンとシマウマ
被食－捕食	+	−	カブリダニとハダニ
種間競争	−	−	ソバとヤエナリ
相利共生	+	+	根粒菌とマメ科植物
片利共生	+	0	コバンザメとサメ
寄　生	+	−	サナダムシとウシ

種間競争は，勝ってもダメージを受けるからね，勝った方も−になるんだね

できるだけ競争は避けたいから，すみわけとかニッチの分割をするんだ

根粒菌は大気中の窒素を固定してマメ科植物に供給し，マメ科植物は水や養分を根粒菌に供給しているんだよ

もちつ，もたれつだね

解　答

❶ 共生　❷ 相利共生　❸ 片利共生　❹ 寄生　❺ +　−
❻ −　−　❼ c，f　❽ d，e　❾ g，h　❿ a，i
⓫ b，j　⓬ 形質置換

生態系の物質生産

A☐ 次の文章の空欄❶～❻に適語を入れよ。

　　生産者が一定期間内に光合成によって生産する有機物量の総量を ❶ という。生産者は光合成によって有機物を合成するとともに，自身の ❷ によって有機物を消費している。❶から❷量を差し引いた値を ❸ といい，これがみかけの上で生産者が生産した有機物量を示している。

　　生産者は一定期間のうちには，植物体の一部が一次消費者に食べられて失われる。この量を ❹ という。また，一部が枯れ落ちて失われる。この量を ❺ という。したがって，❸から❹と❺を差し引いたものが生産者の ❻ となる。

A☐ 次の文章の空欄❼～❿に適語を入れよ。

　　消費者では，食物として取り入れた摂食量（捕食量）の一部は消化・吸収されず，そのまま体外へ排出される。この量を ❼ という。したがって，摂食量から❼を差し引いたものが ❽ となる。消費者の❽は生産者の ❾ に相当し，❽から自身の❷量を差し引いた値が❸に相当する。

　　消費者は上位の消費者に食べられ，また，被食以外の要因で死ぬことによって失われる ❿ 量もあるので，消費者の❻は❽から❷量と❹と❿量を差し引いた値となる。

A☐ ⓫　一定面積内に存在する生物体の量を何というか。

A☐ ⓬　時刻 t_1 における⓫の値が B_1，t_1～t_2 期間での成長量が G であった。時刻 t_2 における⓫の値はいくらか，式を示せ。

「～量」っていう語がたくさん出てきてややこしいね

まず，語句の意味を理解しよう

出るポイント

- 純生産量＝総生産量－呼吸量
- 成長量＝純生産量－（被食量＋枯死量）
- 同化量＝摂食量－不消化排出量
- 消費者の同化量は，生産者の総生産量に相当する。
- 成長量＝同化量－（呼吸量＋被食量＋死滅量）
- **成長量**の分だけ**現存量**が増加する。

これらの式は必ず理解して覚えよう

解 説 ：生態系における物質生産と消費

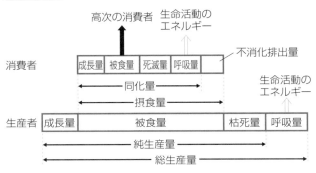

 とりあえず，現存量はおいといて，
まず，物質生産について整理しよう

解 答

① 総生産量　② 呼吸　③ 純生産量　④ 被食量　⑤ 枯死量
⑥ 成長量　⑦ 不消化排出量　⑧ 同化量　⑨ 総生産量
⑩ 死滅　⑪ 現存量　⑫ $B_1 + G$

127 | 生産構造図

A☐ **❶** 植生を構成する植物の光合成器官（葉など）と非光合成器官（茎，枝など）の空間的な分布状態を何というか。

A☐ **❷** ❶は，一定面積の中で，一定の高さごとに植物体を刈り取り，各層について光合成器官と非光合成器官の重量を測定することで調べることができる。この方法を何というか。

A☐ 次の文章の空欄**❸**～**❻**に適語を入れよ。

あらかじめ各層の ❸ を測定しておき，❷の結果と各層の❸を重ね合わせて図示したものを ❹ という。草本植物の場合，❹は下に示す ❺ 型と ❻ 型の2つに分けられる。

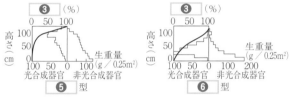

A☐ 次の文章の**❼**～**⓯** ｜ ｜から正しいものを選べ。

❺型は，**❼**｜a 広い　b 細長い｜形の葉を**❽**｜a 水平　b 垂直｜に，**❾**｜a 高い　b 低い｜位置につけている。このため，**下層まで光が届かず**，下層には非光合成器官だけが存在することになる。この例として**❿**｜a アカザ　b チカラシバ｜がある。

❻型は，**⓫**｜a 広い　b 細長い｜形の葉を**⓬**｜a 水平　b 垂直｜につけている。このため，**下層にも光が届き**，下層にも光合成器官の量が多い。これにより，非光合成器官の割合が**⓭**｜a 高く　b 低く｜なるので，物質生産の効率が**⓮**｜a 高い　b 低い｜。この例として**⓯**｜a アカザ　b チカラシバ｜がある。

第7節

第8節

第9節

第10節

第11節

第12節

出るポイント

- 植生がどのような構造をつくり，各層の葉がどれぐらいの強さの光を受けるのかは，植生全体の物質生産に最も影響する。
- 植生を構成する植物の光合成器官と非光合成器官の空間的な分布状態を生産構造といい，それを図示したものを生産構造図という。
- 生産構造は層別刈取法によって調べる。

解説 ：広葉型植とイネ科型植の比較

	葉の形	葉のつき方	葉の位置	例
広葉型	広い葉	水平につける	上層に集中	アカザ
イネ科型	細長い葉	垂直につける	下層に多い	チカラシバ

広葉型

イネ科型

この葉のつき方だと，光が遮られて下まで届かないね

この葉のつき方だと，光が下の方まで届くね

解答

❶ 生産構造 ❷ 層別刈取法 ❸ 相対照度 ❹ 生産構造図
❺ 広葉 ❻ イネ科 ❼ a ❽ a ❾ a ❿ a ⓫ b
⓬ b ⓭ b ⓮ a ⓯ b

さまざまな生態系における物質生産

A☑ 次の文章の空欄**❶**〜**❹**に適語を入れよ。

　下図のア〜ウは，森林の遷移に伴う総生産量，現存量，呼吸量の変化を示したものである。遷移の初期では，**❶** が **❷** を上回るので，**❸** は増加する。**❶**から**❷**を引いた値である **❹** は遷移の初期では増加していくが，極相に近づくと，**❶**がほぼ一定になる。しかし**❷**が増加していくため，**❹**は減少し，やがて0に近づく。

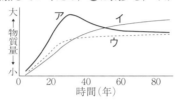

A☑ **❺** 上図の，イ，ウはそれぞれ何を表しているか。

A☑ 下の文章の空欄**❻**，**❽**〜**⓫**に適語を入れ，｜　｜内から正しいものを選べ。

	現存量（kg/m²）	純生産量（kg/m² · 年）
森林	29.8	1.40
草原	3.1	0.79
海洋	0.01	0.15

　森林の主な生産者は木本植物である。これらは体を支えるための幹や枝などの **❻** 器官の割合が大きく，また，樹木の木本をつくるセルロースは消費者に**❼**｜a　摂食されやすい　b　摂食されにくい｜ため，**❽** 量が草原に比べて著しく大きい。**❽**量の増加に伴い，**❾** 量も増加するので，草原に比べて **❿** 量は**❽**量ほど大きくならない。

　海洋の主な生産者は **⓫** である。**⓫**は幹や枝などの支持器官をもたず，また，消費者に捕食される量が**⓬**｜a　大きい　b　小さい｜ため，**❽**量が著しく**⓭**｜a　大きい　b　小さい｜。このため，単位**❽**量あたりの**❿**量は，他の生態系に比べて**⓮**｜a　大きく　b　小さく｜なる。

第7節

第8節

第9節

第10節

第11節

第12節

出るポイント

- ●総生産量は，遷移の初期では増加していくが，**やがて一定になる**。
- ●遷移に伴って，呼吸量は増加していくが，純生産量は減少していき，**やがて0に近づく**。
- ●森林の生産者（木本植物）は**非同化器官の割合が大きく，現存量が大きい**ので，呼吸量も大きく，純生産量/現存量 の値はそれほど大きくならない。
- ●海洋の生産者（植物プランクトン）は非同化器官の割合が小さく，**消費者に捕食される**量が大きいので，現存量が小さい。このため，純生産量/現存量 の値が著しく大きくなる。

解　説：現存量と純生産量の関係

$\dfrac{現存量}{純生産量}$（生産者の平均寿命を表す）

森林 ： $\dfrac{29.8}{1.40} \fallingdotseq 21$　　草原 ： $\dfrac{3.1}{0.79} \fallingdotseq 3.9$

海洋 ： $\dfrac{0.01}{0.15} \fallingdotseq 0.067$　木本植物は寿命が長く，植物プランクトンはとても寿命が短いんだね

$\dfrac{純生産量}{現存量}$（生産効率を表す）

森林 ： $\dfrac{1.40}{29.8} \fallingdotseq 0.047$　　草原 ： $\dfrac{0.79}{3.1} \fallingdotseq 0.25$

海洋 ： $\dfrac{0.15}{0.01} = 15$　植物プランクトンは生産した分，消費者にどんどん食べられていくって感じだね

解　答

❶ 総生産量　❷ 呼吸量　❸ 現存量　❹ 純生産量
❺ ア 総生産量　イ 現存量　ウ 呼吸量　❻ 非同化〔非光合成〕　❼ b　❽ 現存　❾ 呼吸　❿ 純生産　⓫ 植物プランクトン　⓬ a　⓭ b　⓮ a

炭素の循環とエネルギーの流れ

テーマ 129

A☐ 次の文章の空欄❶～❺に適語を入れよ。

　　生物体に含まれる炭素（C）は，もとをたどれば大気中の　❶　に由来する。大気中の❶は植物の　❷　によって有機物に合成される。この有機物の一部は食物連鎖によって植食性動物，肉食性動物へ取り込まれる。これらの生物の体内の有機物はこれらの生物の　❸　によって分解され，❶に戻って大気中に放出される。また，遺体・排出物中の有機物は，菌類・細菌などの　❹　者の❸によって分解され，❶に戻る。このように，炭素は生態系内を循環している。

　　近年，石油や石炭などの　❺　燃料の大量消費により，大気中の❶濃度が上昇している。

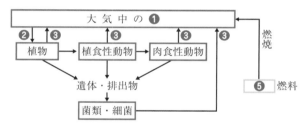

A☐ 次の文章の空欄❻～❽に適語を入れよ。

　　生産者である植物は❷を行い，太陽の光エネルギーを有機物中に　❻　エネルギーとして蓄える。有機物は食物連鎖を通して消費者に移り，それに伴って❻エネルギーも移っていく。このエネルギーは各栄養段階で**生命活動に利用される**。また，遺体・排出物中の有機物は❹者に移り，その❻エネルギーは❹者に利用される。これらの過程で，各生物に利用されるエネルギーは最終的には　❼　エネルギーとなって**生態系外に出ていく**ので，エネルギーは生態系内を　❽　することはない。

第7節

第8節

第9節

第10節

第11節

第12節

出るポイント

- ●炭素は、大気中の二酸化炭素 CO_2 から光合成によって植物に取り込まれ、その一部が動物に取り込まれる。また、それぞれの生物から呼吸により CO_2 が放出され大気中に戻る。
- ●遺体・排出物中の有機物は分解者の呼吸によって分解され、CO_2 に戻る。
- ●各栄養段階で利用されたエネルギーは、**熱エネルギー**となって**生態系外へ出ていく**。
- ●生態系内を**物質は循環しているが、エネルギーは流れるだけで循環しない**。

解 説：生態系におけるエネルギーの流れ

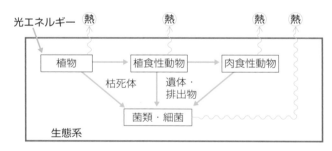

→ 化学エネルギー
〰 熱エネルギー

解 答

❶ 二酸化炭素 〔CO_2〕 **❷** 光合成 **❸** 呼吸 **❹** 分解
❺ 化石 **❻** 化学 **❼** 熱 **❽** 循環

テーマ 130 窒素同化・窒素固定

A☐ ❶ 生体に含まれる成分のうち，窒素 (N) を含んでいる有機窒素化合物には，タンパク質以外に何があるか。

A☐ 次の文章の空欄❷〜❻，❽〜❿にイオンを表す化学式，適語を入れ，❼の{ }内から正しいものを選べ。

　　植物は根から吸収した ❷ や ❸ などの**無機窒素化合物**を用いて，**タンパク質などの有機窒素化合物を合成する**。この働きを ❹ という。下図に示すように，生物の遺体・排出物などの分解によって生じた❸は，❺ 菌および ❻ 菌によって❷に変えられる。植物は❷を根から吸収すると，体内で❼{a 酸化 b 還元} して❸にする。❸は ❽ と結合してグルタミンとなる。グルタミンと α-ケトグルタル酸は2分子の❽になる。❽のアミノ基は ❾ 酵素の働きによって，いろいろな有機酸に移り，いろいろな ❿ が生じる。

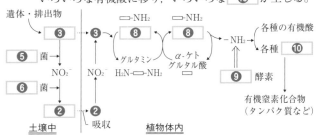

A☐ 次の文章の空欄⓫〜⓳に数値や適語を入れよ。

　　多くの生物は，大気中の約 ⓫ ％を占める窒素 N_2 を利用できないが，一部の細菌は大気中の N_2 を NH_4^+ に変える働きがある。この働きを ⓬ といい，⓭ 菌，⓮ ，⓯ などの細菌やネンジュモなど一部の ⓰ がこの働きを行う。この反応は ATP のエネルギーを利用して，⓱ という酵素の働きによって行われる。

　　土壌中の❷や❸の一部は ⓲ 細菌により N_2 となり，大気中に戻される。この作用を ⓳ とよぶ。

出るポイント

- 植物は無機窒素化合物（硝酸イオン NO_3^- やアンモニウムイオン NH_4^+ など）からタンパク質などの有機窒素化合物を合成する。この反応を**窒素同化**という。
- 動物は窒素同化を行えず，植物が合成した有機窒素化合物を摂取してこれをアミノ酸にまで分解し，自身に必要なタンパク質などの有機窒素化合物を合成している。
- 大気中の N_2 を NH_4^+ に変える働きを**窒素固定**という。
- 土壌中の NO_3^- や NH_4^+ などは**脱窒素細菌**により，N_2 になり大気中に放出される。この働きを**脱窒**という。

解説：窒素代謝

反応名	生物	反応の内容
窒素同化	植物	NO_3^-，NH_4^+ からアミノ酸を生じる。
窒素固定	根粒菌，アゾトバクター，クロストリジウムなど	N_2（大気中）から NH_4^+ を生じる。
脱窒	脱窒素細菌	NO_3^- から N_2 を生じる。

根粒

マメ科植物の根の根粒は根粒菌が侵入したものだよ

根粒菌とマメ科植物は共生しているんだよね

解答

❶ 核酸，ATP，クロロフィル　など　❷ NO_3^-　❸ NH_4^+
❹ 窒素同化　❺ 亜硝酸　❻ 硝酸　❼ b　❽ グルタミン酸
❾ アミノ基転移　❿ アミノ酸　⓫ 80　⓬ 窒素固定
⓭ 根粒　⓮・⓯ アゾトバクター・クロストリジウム　⓰ シアノバクテリア　⓱ ニトロゲナーゼ　⓲ 脱窒素　⓳ 脱窒

窒素の循環

A☑ **❶** 生物が行う大気中の窒素（N₂）を体内に取り入れ、アンモニウムイオン（NH₄⁺）に変える働きを何というか。

A☑ **❷** ❶の働きを行うことができる生物のうち、**マメ科植物の根に共生している**ものは何か。

B☑ 次の文章の空欄❸〜❽に適語を入れよ。

　　動植物の遺体・排出物中に含まれるタンパク質などの有機窒素化合物は分解者の働きで NH₄⁺ に分解される。NH₄⁺ は土壌中の細菌である ❸ により ❹ に、さらに❹は ❺ により ❻ に変えられる。これらの反応をまとめて ❼ とよび、これらの反応を行う❸と❺の細菌をまとめて ❽ という。

A☑ **❾** 植物は土壌中の❻や NH₄⁺ を取り込み、これをもとにアミノ酸をつくり、さらにタンパク質などの有機窒素化合物を合成している。この働きを何というか。

A☑ 次の文章の空欄❿・⓫に適語を入れよ。

　　土壌中の❹や❻のほとんどは植物に利用されるが、一部は ❿ 細菌の働きで**窒素 N₂に変えられ、大気中に戻る**。この反応を ⓫ という。

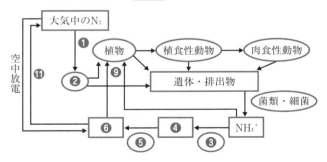

この図中の番号と上の問題の
番号は一致しているよ

第7節

第8節

第9節

第10節

第11節

第12節

出るポイント

- 窒素同化により合成された有機窒素化合物は，食物連鎖を通して生態系内を移動し，さまざまな生物の生体物質として利用される。
- 生物の遺体・排出物中に含まれる有機窒素化合物は，分解者によって NH_4^+ になり，さらに硝化細菌によって硝酸イオン NO_3^- となる。土壌中の NO_3^- や NH_4^+ は再び植物に利用される。
- 多くの生物は大気中の N_2 を利用できないが，窒素固定細菌は大気中の N_2 を植物が利用できる NH_4^+ に変えることができる（窒素固定）。
- 土壌中の窒素化合物の一部は脱窒素細菌により N_2 に変えられ，大気中に戻される（脱窒）。

解説：炭素の循環と窒素の循環の違い

炭素の循環

各生物と大気との間で
直接やり取りがある

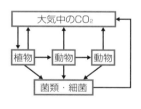

窒素の循環

大部分は生物の間での循環
（生物と大気とのやり取りは
窒素固定と脱窒のみ）

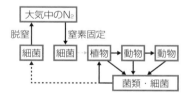

解答

❶ 窒素固定 ❷ 根粒菌 ❸ 亜硝酸菌 ❹ 亜硝酸イオン 〔NO_2^-〕 ❺ 硝酸菌 ❻ 硝酸イオン 〔NO_3^-〕 ❼ 硝化 ❽ 硝化（細）菌 ❾ 窒素同化 ❿ 脱窒素 ⓫ 脱窒

生態ピラミッド・エネルギー効率

A☑ 次の文章の空欄**❶**, **❸〜❺**に適語を入れ, **❷**の｜ ｜内から正しいものを選べ。

　　生態系の生物を, 生産者を始点として, **❶** の順に段階的に分けるとき, この各段階を栄養段階という。各栄養段階に属する生物群の個体数や生物量などは一般に栄養段階が上がるほど**❷**｜a 増加　b 減少｜していく。栄養段階ごとにこれらの値を生産者から順に積み重ねたものを **❸** という。このうち, 個体数について積み重ねたものを **❹**, 現存量について積み重ねたものを **❺** という。

B☑ 次の文章の空欄**❻〜❽**に適語を入れよ。

　　1本の樹木の葉を多数の昆虫が摂食している場合のように, **❹**では形が逆転することがある。また, 水界生態系では, 主な生産者は水中を浮遊する **❻** で, 一次消費者が同様に水中を浮遊する **❼** である場合に, 現存量が**❻**より**❼**の方が多くなり, **❺**では形が逆転することがある。

　　栄養段階ごとに, 一定期間内に獲得されるエネルギー量を積み重ねたものを **❽** という。**❽**の形はどんな場合でも逆転することはない。

A☑ 次の文章の空欄**❾〜⓫**に適語を入れ, **⓬**の｜ ｜内から正しいものを選べ。

　　ある栄養段階のもつエネルギーが前の栄養段階から移った割合を **❾** といい, 次の式で表される。

$$\text{生産者の❾} = \frac{\boxed{❿}}{\text{太陽からの光エネルギー}} \times 100 \ (\%)$$

$$\text{一次消費者の❾} = \frac{\text{一次消費者の} \boxed{⓫}}{\text{生産者の} \boxed{❿}} \times 100 \ (\%)$$

　　消費者の**❾**は一般に10%前後であるが, 栄養段階が高次になるほど**❾**は**⓬**｜a 大きくなる　b 小さくなる｜。

出るポイント

- 各栄養段階の個体数や現存量（生物量）は，一般に，生産者＞一次消費者＞二次消費者……　となっており，**上位のものの方が少ない**。
- 栄養段階ごとの生物の個体数や生物量を栄養段階の順に積み重ねたものを生態ピラミッドという。
- ある栄養段階のもつエネルギーが前の栄養段階から移った割合をエネルギー効率という。

  エネルギー効率
  $$= \frac{\text{その栄養段階の同化量}}{\text{1つ前の栄養段階の同化量}} \times 100 \ (\%)$$

解　説：現存量（生物量）ピラミッドの例

フロリダ・シルバースプリングの現存量ピラミッド

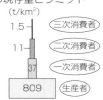

バルト海の生物量ピラミッド

植物プランクトンは一世代が短く，短期間に成長と被食・死滅を繰り返すので，ある瞬間では動物プランクトンよりも生物量が少なくなることがあるんだ

だから，生物量ピラミッドの形が逆転しているんだね

解　答

❶　食物連鎖　❷　b　❸　生態ピラミッド　❹　個体数ピラミッド　❺　現存量〔生物量〕ピラミッド　❻　植物プランクトン　❼　動物プランクトン　❽　生産量〔生産力〕ピラミッド　❾　エネルギー効率　❿　総生産量　⓫　同化量　⓬　a

A☑　次の文章の空欄❶～❸に適語を入れよ。

　　地球上に存在する生物は，さまざまな面で多様である。生物多様性を考える場合，❶，❷，❸の３つのとらえ方がある。

A☑　次の文章の空欄❹，❼，❿に適語を入れ，❺・❻，❽・❾の｜　｜内から正しいものを選べ。

　　個体群を構成する生物がもっている遺伝子は，各個体によってそれぞれ異なっている。**同種内における遺伝子の多様さ**を❹という。個体群内の❹が低下すると，環境が変化した際に，それに❺｜a 対応しやすく　b 対応できず｜，個体数が❻｜a 増加　b 減少｜してしまう可能性がある。

　　生態系は，植物・動物・細菌など多様な生物種で構成されている。このような，**ある生態系における生物種の多様さ**を❼という。❼は，生息する生物の種数の多さと，それぞれの種の個体数の均等さの２つの点で評価される。種数が多くてもある１つの種の優占度が高い場合に比べて，種数が多く，どの生物も均等に含まれている場合は，❼が❽｜a 高い　b 低い｜といえる。したがって，下図では❾｜a A　b B｜の方が❼が高い。

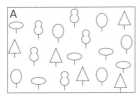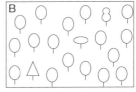

　　地球上には，森林・草原・荒原・河川・湖沼・海洋など多様な生態系が存在する。このように，さまざまな環境に対応して**多様な生態系が存在すること**を，❿という。ある地域において，多様な生態系が存在することで，そこに生活する生物も多様になる。

出るポイント

● 遺伝的多様性が低下すると，環境の変化に対応できず，個体数が減少してしまう可能性がある。

● 遺伝的多様性の低下は，有用な遺伝子（遺伝子資源）の減少につながることもありうる。

● 種の多様性が高い生態系では，食物網が複雑になり，栄養段階が多くなるので，環境の変動やかく乱（テーマ134）に対する安定性が高いといえる。

● 生態系の多様性が高く，さまざまな生態系が存在することで，そこに多様な種や遺伝子をもつ個体が含まれる。

解　説：生物多様性の３つのレベル

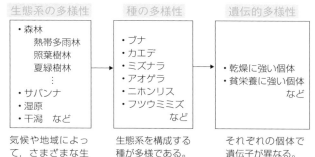

生態系の多様性

・森林
　熱帯多雨林
　照葉樹林
　夏緑樹林
　　∶
・サバンナ
・湿原
・干潟　など

気候や地域によって，さまざまな生態系が存在する。

種の多様性

・ブナ
・カエデ
・ミズナラ
・アオゲラ
・ニホンリス
・フツウミミズ
　　など

生態系を構成する種が多様である。

遺伝的多様性

・乾燥に強い個体
・貧栄養に強い個体
　　　　　　など

それぞれの個体で遺伝子が異なる。

解　答

❶・❷・❸　遺伝子・種・生態系　❹　遺伝的多様性〔遺伝子の多様性〕　❺　b　❻　b　❼　種（の）多様性　❽　a　❾　a　❿　生態系（の）多様性

かく乱

A ☐ ❶ 火山の噴火や台風，山火事などの自然現象，あるいは人間活動などの，既存の生態系やその一部を破壊するような**外部からの要因**を何というか。

A ☐ 次の文章の空欄❷・❸に適語を入れよ。

森林において，火山の噴火などで裸地に近い状態になると，以前の状態にまで回復するのに長い時間を要する。このような大規模な❶では，生物多様性が大きく ☐❷☐ する。一方，台風によってできたギャップなど，❶の規模が大きくない場合では，それまで生息していなかった動植物が生活するようになることがあり，生物多様性が ❸ する場合がある。

A ☐ 次の文章の空欄❹〜❿に適語を入れよ。

❶の規模が大きいと生態系は大きく破壊され， ☐❹☐ に強い種だけが存在する生物群集となる。❶がほとんど起こらなければ， ☐❺☐ に強い種だけが存在する生物群集となる。このように，❶の規模が大きくても小さくても種の多様性が ☐❻☐ する。これに対し， ☐❼☐ 規模の❶が一定の頻度で起こる場合には，❹に強い種も❺に強い種も含めて多くの種が ☐❽☐ できるようになり，種の多様性が ☐❾☐ する。このような考えを ☐❿☐ という。

A ☐ 次の文章の空欄⓬・⓭，⓯に適語を入れ，⓫，⓮の ｛ ｝内から正しいものを選べ。

あるサンゴ礁では，台風などによる強い波でサンゴが岩からはがれて破壊される。台風による波の被害を受けにくい場所では，サンゴの種数が⓫｛a 多い b 少ない｝。これは，岩場をめぐる ☐⓬☐ で，強い種が弱い種を ☐⓭☐ したためと考えられる。台風による波の被害を受けやすい場所では，サンゴの種数が⓮｛a 多い b 少ない｝。これは，波に耐えられる種，すなわち ☐⓯☐ に強い種のみが生存できたためと考えられる。

出るポイント

- 大規模なかく乱が起こると，**かく乱に強い種しか生存**できない。➡種の多様性が低下
- かく乱が起こらないと（あるいは小規模だと），**種間競争に強い種しか生存**できない。➡種の多様性が低下
- **中規模のかく乱が一定の頻度で起こる**場合には，かく乱に強い種，種間競争に強い種も含め，多くの種が共存できるようになる。➡**種の多様性が増大**（中規模かく乱説）

解　説：サンゴの被度と種数の関係

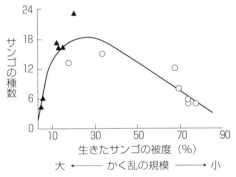

○台風の被害を受けにくい場所
▲台風の被害を受けやすい場所

 日本の里山も，人間が適度に加えるかく乱によって，生物多様性が維持されているんだよね

解　答

❶ かく乱　❷ 低下　❸ 増大　❹ かく乱　❺ 種間競争　❻ 低下　❼ 中　❽ 共存　❾ 増大　❿ 中規模かく乱（仮）説　⓫ b　⓬ 種間競争　⓭ 排除　⓮ b　⓯ かく乱

個体群の絶滅

A☐ **❶** ある生物種（または個体群）が子孫を残すことなく消え去ってしまうことを何というか。

B☐ **❷** 生息地が分断されてできた個体群はもとの個体群より個体数が小さくなる。このような個体群を何というか。

B☐ **❸** 生息地が分断されて，それぞれの**❷**が離れた状態になることを何というか。

A☐ **❹** 個体数が小さな個体群では近親個体間での交配（近親交配（きんしんこうはい））の確率が上がり，出生率の低下や生まれた子の生存率の低下を招くことがある。この現象を何というか。

A☐ 次の文章の**❺**～**❼**の｜ ｜内から正しいものを選び，空欄**❽**に適語を入れよ。

　個体群の遺伝的多様性は，小さな個体群では**❺**｜a 高く　b 低く｜なりやすい。すると，**環境の変化や新しい病原体**に対して**適応的な形質をもつ個体がいる可能性が❻**｜a 高く　b 低く｜なり，個体群は**❼**｜a 大きく　b さらに小さく｜なる。このような過程が繰り返されると，さらに個体数は減少し，個体群の**❶**は加速する。この現象は　**❽**　とよばれる。

B☐ 次の文章の空欄**❾**に適語を入れよ。

　あるレベルの密度までは，個体群密度が高まるほど個体群の成長が促進される。これは　**❾**　効果とよばれている。しかし，個体群密度が低くなると**❾**効果が働かなくなり，個体群が**❶**することもある。

B☐ 次の文章の空欄**❿・⓫**に適語を入れよ。

　これまでその生態系に存在しなかった　**❿**　生物が持ち込まれることで，個体群が**❶**することがある。環境省は既存の生態系に及ぼす影響の大きな**❿**生物を　**⓫**　生物に指定し，その飼育や運搬などを禁止している。

どんどんやっていこう

出るポイント

- 生息地の**分断化**による局所個体群の**孤立化**などにより，個体群の絶滅はごく短期間に起こることがある。
- 個体数が減少した個体群では，近親交配の確率が上がり，**生存に有害な対立遺伝子がホモ接合**になり，表現型として現れる可能性が高くなる。この結果，出生率が低下し，生存率が低下する。これを<ruby>近交弱勢<rt>きんこうじゃくせい</rt></ruby>という。
- 一度，個体数が減少した個体群は，さらに個体数が減少し，絶滅が加速する。この現象は「<ruby>絶滅の渦<rt>ぜつめつ うず</rt></ruby>」とよばれている。
- **外来生物の移入**により，生態系のバランスが崩れ，場合によっては在来生物が絶滅してしまうことがある。

解 説：絶滅の渦

・生息地の破壊
・生息環境の悪化
・生息地の分断化

遺伝的多様性の低下 → 近交弱勢の影響の増大による死亡率の上昇 → 生息地の縮小に伴う個体群の大きさの減少 → 個体群の大きさの減少 ┈▶ 絶滅

・乱獲
・外来生物の影響など

本当に渦をまくようだね

個体群密度が低下すると，いろんな現象が起こってどんどん個体数が減少してしまうんだね

解 答

❶ 絶滅　❷ 局所個体群　❸ 孤立化　❹ 近交弱勢　❺ b
❻ b　❼ b　❽ 絶滅の渦　❾ アリー　❿ 外来　⓫ 特定
外来

A□ ❶ 河川や海に有機物を含む汚水が流入すると，その量が少ないときには，分解者による分解などにより汚濁物質が減少する。このような作用を何というか。

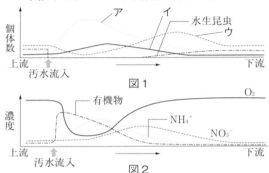

図1

図2

上図は，河川の上流で有機物を多く含む汚水が流入したときにみられる，生物相の変化（図1）と化学物質の変化（図2）を示したものである。生物相は細菌，原生動物，藻類，水生昆虫の個体数を，化学物質は有機物，アンモニウムイオン（NH_4^+），硝酸イオン（NO_3^-），および溶存酸素（O_2）の濃度変動を示している。

A□ ❷ 図1の生物相ア～ウはそれぞれ何を示しているか。

A□ ❸ 図2の溶存酸素（O_2）の濃度について，汚水流入点では急激な O_2 濃度の減少が，下流では O_2 濃度の増加がみられるが，それぞれの現象に主に関わっている生物とその働きについて答えよ。

A□ 次の文章の空欄❹・❺に適語を入れよ。

図2の有機物は分解者によって NH_4^+ に分解され，さらに ❹ によって，NO_3^- に変えられる。これらの無機塩類は図1の ❺ に吸収されるので，下流に進むに従って濃度は減少していく。このように，水中の汚濁物質が減少していく。

出るポイント

- 水域に流入した有機物などの汚濁物質は，水中での希釈や沈殿，細菌などによる分解により，しだいに減少していく。このような作用を自然浄化という。
- 汚水が流入すると，汚水中の**有機物を分解する細菌**が急激に増殖する。（図1のア）
- その後，増殖した**細菌を捕食する原生動物**が増殖する。（図1のイ）
- 中流では，原生動物に捕食されて細菌が減少し，それに伴い原生動物も減少する。
- 細菌の働きによりアンモニウムイオン NH_4^+ や硝酸イオン NO_3^- がつくられると，NH_4^+ や NO_3^- を吸収して**利用する藻類が増加**する。（図1のウ）
- 下流では，**藻類を捕食する水生昆虫**が増加する。

解　説 ：溶存酸素量の変化のしくみ

汚水流入点 …急激な減少

➡ 細菌の増殖に伴い，細菌の呼吸により大量の酸素が消費されるため。

下流 …酸素濃度の増加

➡ 藻類の光合成によって大量の酸素が放出されるため。

酸素濃度が上昇する位置と藻類の個体数が増加する位置に着目しよう

水質汚染の程度を判定する指標として
BOD（生物学的酸素要求量）や
COD（化学的酸素要求量）があるよ

解　答

❶　自然浄化　❷　ア　細菌　イ　原生動物　ウ　藻類　❸　汚水流入点―細菌による呼吸〔有機物の分解〕　下流―藻類による光合成　❹　硝化菌〔硝化細菌〕　❺　藻類

第12節　生態系　**283**

テーマ137 | 人間活動が生態系に及ぼす影響②～地球温暖化

A☐ 次の文章の空欄**❶**～**❸**に適語を入れよ。

　　地球の歴史のなかで，古生代から **❶** 代にかけて繁殖したプランクトンや動植物の一部は，体内に取り込んだ **❷** を保持したまま堆積し，地中に埋没した。これが今日私たちが使っている石油や石炭などの **❸** の起源と考えられている。**❸**を大量に燃やすことは大気中の二酸化炭素 CO_2 量を急激に増加させ，地球温暖化をもたらす要因になると考えられている。

A☐ **❹** 地球温暖化を防止するために1997年に京都議定書が採択され，2005年に発効した。大気中に増加すると地球温暖化をもたらす物質として，削減の対象となったものを CO_2 以外に1つあげよ。

A☐ **❺** 地球温暖化をもたらす気体を一般に何とよんでいるか答えよ。

A☐ **❻** 次の図は，日本の観測所（岩手県の綾里（りょうり））と南極の観測所において，1987年から2017年の間に測定された大気中の CO_2 濃度の変化を示したものである。グラフのアとイはそれぞれどちらの観測所で測定したものか。

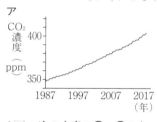

ア
CO_2濃度（ppm）

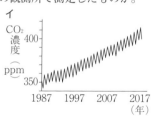

イ
CO_2濃度（ppm）

A☐ 次の文章の**❼**・**❽**の｜　｜内から正しいものを選べ。

　　生物が現在の生息域と同じ気温の地域に生息しようとした場合，地球温暖化が進行すると，緯度が**❼**｜a 高く　b 低く｜，標高が**❽**｜a 高い　b 低い｜地域に移動しなければならない。そのため，移動が困難な生物などは地球温暖化によって大量に絶滅すると予想されている。

出るポイント

- 石油・石炭などの化石燃料（かせきねんりょう）は、生物の枯死体・遺体などに由来するので、その大量消費は、自然界の炭素の循環の中に放出される CO_2 量を急激に増加させる。
- CO_2 は、地球表面から放射される熱（赤外線）を吸収する。吸収された熱の一部は、地球表面に向かって再放射されるため、地球表面の温度が上がる。これを温室効果（おんしつこうか）という。
- 温室効果ガスには、CO_2 の他にメタン、フロン、一酸化二窒素などがある。
- 地球温暖化が進行すると、生物が現在の生息域と同じ気温の地域に生息するには、緯度が高く、標高が高い地域に移動しなければならない。

解 説：大気中の CO_2 濃度の1年の中での変動

綾里での大気中の CO_2 濃度変化

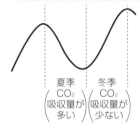

夏季 CO_2 吸収量が多い　冬季 CO_2 吸収量が少ない

夏緑樹林が分布している岩手県の綾里では、特に夏と冬の光合成量の差が大きい。

南極では、植物の光合成の影響がほとんどないため、1年の中での大気中の CO_2 濃度の増減の幅が小さい。

解 答

❶ 中生　❷ 炭素　❸ 化石燃料　❹ メタン、フロン、一酸化二窒素から1つ　❺ 温室効果ガス　❻ ア　南極　イ　日本
❼ a　❽ a

最後までよく頑張ったね、何度も繰り返しやって、この本の内容を完璧にしよう。
そして、笑顔で春を迎えよう

さくいん

数字

3ドメイン説　*53*
3′末端　*117*
5′末端　*117*
8の字ダンス　*201*

アルファベット

ATP　*196*
ATPアーゼ　*197*
ATP合成酵素　*99,109*
BMP　*153*
Ca²⁺　*189,197*
CAM植物　*112,113*
C₄植物　*112,113*
DNA　*15,64,116,117*
DNA型鑑定　*169*
DNAポリメラーゼ　*117,*
　119,166,167
DNAリガーゼ　*119,165*
DNAワールド　*15*
ES細胞　*162,163*
FAD　*97*
FADH₂　*97,99*
GABA　*189*

GAP　*111*
HLA　*91*
iPS細胞　*162,163*
K⁺チャネル　*183*
MHC分子　*91*
mRNA　*121,123,126,127,*
　133-135
NAD⁺　*82,97*
NADH　*97,99*
NADP⁺　*109*
NADPH　*109*
Na⁺チャネル　*183*
PCR法　*166,167*
Pfr型　*220-223*
Pr型　*220-223*
PGA　*111*
RNA　*15*
RNAウイルス　*121*
RNA干渉　*134,135*
RNAポリメラーゼ　*123,*
　127-129,131
RNAワールド　*15*
rRNA　*121*
RuBP　*111*
S-S結合　*77,79*
SNP　*23*

TCR　*91*

tRNA　*121*

T 細胞レセプター　*91*

XO 型　*25*

XY 型　*25*

ZO 型　*25*

ZW 型　*25*

Z 膜　*195*

α ヘリックス構造　*77*

β シート構造　*77*

γ-アミノ酪酸　*189*

あ

アーキア　*53*

アクアポリン　*73*

アクチンフィラメント　*69,74,75,195-197*

アグロバクテリウム　*165*

アセチルコリン　*189*

アゾトバクター　*271*

アブシシン酸　*221,225,233*

アミノ基転移酵素　*271*

アミノ酸　*77*

アミラーゼ　*221*

アミロプラスト　*217*

アリー効果　*281*

アルコール発酵　*103*

アロステリック酵素　*87*

暗順応　*175*

暗帯　*195*

アンチコドン　*125*

アンチセンス鎖　*123*

アンテナペディア　*158*

暗発芽種子　*221*

アンモニウムイオン　*271, 273*

い

維管束鞘細胞　*113*

閾値　*187*

一塩基多型　*23*

一次構造　*77*

一次精母細胞　*137*

一次卵母細胞　*137*

一様分布　*234,235*

遺伝子組換え　*164,165*

遺伝子座　*25*

遺伝子頻度　*42,43*

遺伝子プール　*43*

遺伝情報　*14,15*

遺伝的多様性　*277,280*

遺伝的浮動　*36,37,39*

遺伝的平衡　*43*

飲食作用　*74,75*

インドール酢酸　*217*

イントロン *123*

う

うずまき管 *177*
ウルトラバイソラックス *159*
運動神経 *191*
運動ニューロン *171,181*
運搬 RNA *121*

え

鋭敏化 *203*
栄養段階 *274,275*
エウスタキオ管 *177*
エキソサイトーシス *74, 75,138*
エキソン *123*
液胞 *67*
エチレン *219,231,233*
エネルギー効率 *274,275*
えら引っ込め反射 *203*
円形ダンス *201*
遠心性神経 *171*
延髄 *192,193*
エンドサイトーシス *75*

お

黄斑 *173,175*
横紋筋 *195*
おおい膜 *177*
オーガナイザー *151*
オーキシン *214-219,233*
岡崎フラグメント *119*
オゾン層 *19*
オペレーター *129*
オペロン *129*
親の保護 *243*
オリゴデンドロサイト *181*
温室効果 *285*
温室効果ガス *285*

か

科 *51*
界 *51*
介在神経 *191,193*
介在ニューロン *171,181, 203*
開始コドン *125*
開口分泌 *74,75*
解糖 *103,197*
解糖系 *96,103*

外胚葉　*141,143,147,152, 153*

灰白質　*191*

外来生物　*280,281*

化学合成細菌　*17,115*

化学進化　*13*

花芽形成　*226-229*

かぎ刺激　*199*

核　*64,65*

核酸　*63*

学習　*203*

核小体　*65*

核膜　*65*

角膜　*151*

核膜孔　*65,125*

かく乱　*278,279*

果実の成熟　*233*

化石燃料　*285*

花成ホルモン　*229*

活性化エネルギー　*81*

活性部位　*81*

活性中心　*81*

活動電位　*182,183*

活動電流　*185*

カドヘリン　*95*

花粉　*205*

花粉四分子　*205*

花粉細胞　*204*

花粉母細胞　*205*

カルビン回路　*111,113*

カロテン　*107*

感覚神経　*191*

感覚ニューロン　*171,181*

感覚器　*171*

感覚毛　*178*

環境収容力　*235*

幹細胞　*163*

間接効果　*259*

桿体細胞　*173,175*

陥入　*141,143*

眼杯　*151*

眼胞　*151*

冠輪動物　*57*

き

気孔　*112,113,224,225*

キサントフィル　*107*

基質　*80*

基質特異性　*81*

寄生　*261*

擬態　*41*

基底膜　*177*

キネシン　*74,75*

基本転写因子　*131*

逆転写　*121*

ギャップ遺伝子群　*159*

ギャップ結合　*95*

旧口動物　57
嗅細胞　178,179
求心性神経　171
休眠　209,221
休眠芽　233
強縮　195
共進化　41
共生　21,261
共生説　21
競争　257,259
競争的阻害　87
競争的排除　257
共同繁殖　254,255
極核　205,207
極性移動　215
極体　137
菌界　53
筋原繊維　195
近交弱勢　281
筋小胞体　197
近親交配　280
筋節　195
筋繊維　195

屈筋反射　193
屈性　214,215,217
組換え　31
組換え価　31
グリア細胞　181
クリステ　65
クリプトクロム　223
グルタミン酸　189,271
クレアチンリン酸　197
クローン　161
クロストリジウム　271
クロマチン繊維　64,65,
131
クロロフィルa　107
クロロフィルb　107

け

傾性　214,215
形成体　151,155,157
茎頂分裂組織　211
系統　50,51
系統樹　51
警報フェロモン　199
血縁度　255
欠失　23
限界暗期　227
原核生物　21,126-129
原核生物界　53

く

クエン酸回路　96,97
区画法　237
クチクラ　55

原口　*56,143*
原口背唇部　*145,151,155*
原索動物　*59*
減数分裂　*26-29,136,137,*
　205
原生生物界　*53*
現存量　*263,267*
原腸　*141*
原腸胚　*141,143,145-147,*
　154,155

こ

コアセルベート　*13*
綱　*51*
コーディン　*153*
高エネルギーリン酸結合
　196
光化学系 I　*109*
光化学系 II　*109*
効果器　*171*
好気性細菌　*17,21*
好気性生物　*17*
工業暗化　*35*
光合成　*106-111*
光合成器官　*264*
光合成細菌　*17,115*
光合成色素　*106,107*
虹彩　*173*

光周性　*227*
酵素　*80,81,84-87*
酵素 – 基質複合体　*81,85*
抗体　*88,89*
興奮性シナプス後電位
　189
孔辺細胞　*225*
酵母　*102*
光リン酸化　*109*
五界説　*53*
呼吸商　*104,105*
呼吸量　*263,266,267*
古細菌　*53*
枯死量　*263*
個体群　*234,244*
古典的条件づけ　*203*
コドン　*23,125*
糊粉層　*221*
鼓膜　*177*
ゴルジ体　*66,67,75*
コルチ器　*177*
根冠　*211,217*
根端分裂組織　*211*
根粒菌　*273*

さ

細菌　*53*
最終収量一定の法則　*239*

最適温度　*81*

最適濃度　*217*

最適 pH　*81*

サイトカイニン　*219,233*

細胞骨格　*68,69*

細胞接着　*94,95*

細胞選別　*95*

細胞内共生説　*21*

細胞壁　*67*

細胞膜　*70,71,72,73*

作動体　*171*

サルコメア　*195*

酸化的リン酸化　*99*

三次構造　*77*

三点交雑　*33*

産卵数　*241*

し

シアノバクテリア　*17,21,*
115,271

耳管　*177*

軸索　*181*

始原生殖細胞　*137*

自己複製　*13,15*

自己複製能　*163*

視細胞　*173*

脂質　*63*

示準化石　*19*

耳小骨　*177*

視神経細胞　*173*

システイン　*76*

耳石　*179*

自然選択　*34,35,37,39,43*

自然浄化　*283*

示相化石　*19*

膝蓋腱反射　*193*

失活　*79,81*

シナプス　*93,189,193*

シナプス後電位　*189*

シナプス小胞　*189*

ジベレリン　*219,221,231,*
233

死亡率　*241*

縞状鉄鉱層　*16*

死滅量　*263*

社会性昆虫　*254,255*

シャペロン　*79*

種　*51*

集合フェロモン　*199*

終止コドン　*23,125*

従属栄養生物　*17*

集中分布　*234,235*

終板　*189*

重複受精　*207*

種間競争　*257,259,261,*
279

樹状突起　*181*

種小名　*51*
受精　*139,207*
受精膜　*138,139*
受精卵　*207*
受動輸送　*73*
種の多様性　*277*
種分化　*39*
シュペーマン　*154*
受容器　*171*
主要組織適合遺伝子複合体
　91
受容体　*189*
シュワン細胞　*180,181*
順位制　*253*
春化　*231*
純生産量　*263,267*
子葉　*209*
硝化菌　*273*
硝化細菌　*273*
硝酸イオン　*271,273*
脂溶性ホルモン　*133*
条件づけ　*203*
蒸散　*225*
常染色体　*25*
小胞体　*66,67*
情報伝達物質　*92*
触媒　*14,15,81*
助細胞　*205*
自律神経　*191*

心黄卵　*141*
進化　*39*
受精膜　*138,139*
真核生物　*20,21,53,130,*
　131
神経管　*147,151,155*
神経系　*93*
神経溝　*147*
神経細胞　*180*
神経終末　*189*
神経鞘　*181*
神経伝達物質　*189,203*
神経胚　*147,154,155*
神経板　*147*
神経誘導　*151-153*
信号刺激　*199*
人工多能性幹細胞　*163*
新口動物　*57*
腎節　*147*

す

髄鞘　*181*
水晶体　*151,173*
水素結合　*79,117*
錐体細胞　*173,175*
ステロイドホルモン　*93*
ストロマ　*65,106,108,110,*
　111
ストロマトライト　*17*

スプライシング　*123*

すべり説　*195*

すみわけ　*257*

刷込み　*203*

せ

性決定の様式　*24,25*

制限酵素　*165*

精原細胞　*137*

精細胞　*137,205,207*

生産構造　*265*

生産構造図　*264,265*

精子　*137,139*

静止電位　*182,183*

生殖的隔離　*39*

性染色体　*25*

性選択　*41*

精巣　*136*

生存曲線　*240,241*

生態系の多様性　*277*

生態的地位　*257*

生態ピラミッド　*274,275*

生体膜　*70,71*

成長曲線　*235*

成長量　*263*

生得的行動　*198,199*

性フェロモン　*199*

生物多様性　*276,277*

生物時計　*199*

生命表　*240,241*

セカンドメッセンジャー
　93

脊索　*147*

脊索動物　*58*

脊髄　*171,190,191,193*

脊髄神経節　*191*

脊椎動物　*59*

セグメントポラリティー
　遺伝子群　*159*

摂食量　*263*

絶滅　*280,281*

絶滅の渦　*281*

セルロース　*74,219*

全か無かの法則　*187*

染色体　*24-33,64*

染色体地図　*32,33*

センス鎖　*123*

先体　*139*

先体反応　*139*

前庭　*179*

選択的スプライシング
　123

セントラルドグマ　*121*

全能性　*161,163*

そ

造血幹細胞　*163*
桑実胚　*143*
走性　*199*
総生産量　*263,267*
相同染色体　*25,27,29*
層別刈取法　*265*
相変異　*239*
挿入　*23*
相利共生　*261*
属　*51*
側芽　*211,218,219*
側板　*147*
属名　*51*

た

対合　*27*
体軸　*148,149*
代謝　*13,15*
胎生　*59*
体節　*147*
大腸菌　*128,129*
ダイニン　*75*
太陽コンパス　*199*
多精拒否　*139*
だ腺染色体　*132*

脱水素酵素　*82,83,100,101*
脱窒　*271,273*
脱窒素細菌　*271,273*
脱慣れ　*203*
脱皮動物　*57*
多能性　*163*
単為結実　*231,233*
端黄卵　*141,144*
炭酸同化　*115*
短日植物　*227,229*
単収縮　*195*
炭水化物　*63*
担体　*73*
タンパク質　*63,76-79*

ち

置換　*23*
地球温暖化　*284*
窒素固定　*271,273*
窒素固定細菌　*273*
窒素同化　*271*
チャネル　*73*
中間径フィラメント　*69*
中規模かく乱説　*279*
中心体　*67*
中枢神経系　*171*
中脳　*193*

中胚葉　*141,143,147*

中胚葉誘導　*151*

中立進化　*37*

中立説　*36*

頂芽優勢　*219,233*

聴細胞　*177*

長日植物　*227*

調節遺伝子　*129,131,158,*
212,213

調節タンパク質　*129,131,*
159

跳躍伝導　*185*

直立二足歩行　*61*

チラコイド　*65,106,108,*
109

地理的隔離　*39*

チン小帯　*173*

つ

つがい関係　*252,253*

て

定位　*199*

ディシェベルドタンパク質
149

デオキシリボース　*117*

適応　*35*

適応度　*255*

適刺激　*171*

デスモソーム　*94*

転移 RNA　*121*

電気泳動法　*168,169*

電子伝達系　*97-99,109*

転写　*121-123,126-131,*
133,135

転写調節領域　*131*

転写抑制タンパク質　*221*

伝達　*188,189,203*

伝達物質依存性イオンチャ
ネル　*93,189*

伝導　*184,185*

伝令 RNA　*121*

と

等黄卵　*141*

等割　*141,142*

同化量　*263*

瞳孔括約筋　*173*

瞳孔散大筋　*173*

透析　*82,83*

突然変異　*23,39,43*

独立栄養生物　*17*

トランスジェニック生物
165

取り込み輸送体　*214,215*

トロポニン　*197*
トロポミオシン　*197*

な

内胚葉　*141,143,147*
内部細胞塊　*163*
内分泌系　*92*
ナトリウムポンプ　*73,183*
ナノス　*149,158,159*
慣れ　*203*
縄張り　*248-251,253*

に

二価染色体　*27*
二次構造　*77*
二重らせん構造　*117*
ニッチ　*257*
ニトロゲナーゼ　*271*
二名法　*51*
乳酸菌　*102*
乳酸発酵　*103*
ニューロン　*180,181,186,
187*

ぬ

ヌクレオソーム　*64,65,
131*
ヌクレオチド　*117,118*

ね

熱水噴出孔　*13*
年齢ピラミッド　*245*

の

脳　*171*
能動輸送　*73*
ノギン　*153*
ノックアウト　*169*
ノックアウトマウス　*169*
乗換え　*27,31*

は

ハーディ・ワインベルグの
　法則　*42,43*
胚　*207,209*
灰色三日月環　*145,149*
配偶子　*136,137,204,205*
背根　*191*
胚軸　*209*

排出輸送体　*214,215*

胚性幹細胞　*163*

胚乳　*207,209*

胚乳核　*207,209*

胚のう　*205*

胚のう細胞　*205*

胚のう母細胞　*205*

胚盤胞　*163*

背腹軸　*144*

白質　*191*

発酵　*102,103*

パフ　*132*

半規管　*179*

反射　*192,193*

反射弓　*192,193*

繁殖戦略　*242,243*

反足細胞　*205*

半保存的複製　*117*

ひ

尾芽胚　*147*

非光合成器官　*264*

光受容体　*220-223*

光発芽種子　*220,221*

ビコイド　*149,158,159*

微小管　*69,75*

被食者−捕食者相互関係
　259

被食量　*263*

ヒストン　*64,65,131*

ビタミン類　*83*

表割　*141*

標識再捕法　*237*

表層回転　*144,149*

ふ

フィードバック調節　*87*

フィトクロム　*220,221,
223,229*

フェロモン　*199*

不応期　*185*

フォトトロピン　*223*

腹根　*191*

複製　*119*

不消化排出量　*263*

不等割　*141*

プライマー　*119,167*

ブラシノステロイド　*219*

プラスミド　*165*

プルテウス幼生　*143*

プロモーター　*123,129,
131*

フロリゲン　*229*

分化　*133*

分子進化　*44,45*

分子時計　*45*

分子系統樹　*46,47*

へ

ペアルール遺伝群　*159*
平衡石　*179*
ペーパークロマトグラフィー
　107
ベクター　*165*
ペプチド結合　*77,125*
ペプチドホルモン　*93*
ヘミデスモソーム　*94*
ヘルパー　*255*
変性　*79*
片利共生　*261*

ほ

膨圧　*225*
包括適応度　*255*
胞胚　*141,143,145*
胞胚腔　*141*
補酵素　*82,83*
母性因子　*149*
母性効果因子　*149,159*
ホメオティック遺伝子
　213
ホメオティック遺伝子群
　159

ポンプ　*73*
翻訳　*121,124-127*

ま

膜電位　*183*
マトリックス　*65*
マーグリス　*20,21,53*

み

ミオシン　*68,75*
ミオシン頭部　*197*
ミオシンフィラメント
　195
味細胞　*179*
道しるべフェロモン　*199*
密着結合　*95*
密度効果　*235,239*
ミツバチ　*200,201*
ミトコンドリア　*20,21,64,*
　65
ミラー　*13*

む

無顎類　*59*
無機塩類　*63*
無髄神経繊維　*185*

無胚乳種子　*209*
群れ　*246,247*

め

明順応　*175*
明帯　*195*
免疫グロブリン　*89*

も

盲斑　*173,175*
網膜　*151,172*
毛様体　*173*
モータータンパク質　*75*
目　*51*
モネラ界　*53*
門　*51*

ゆ

有機物　*13*
雄原細胞　*205*
有髄神経繊維　*181,185*
ユースタキー管　*177*
誘導　*150,151,155-157*
誘導の連鎖　*151*
有胚乳種子　*209*
輸送体　*72,214,215*

輸送タンパク質　*215*

よ

幼芽　*209*
幼根　*209*
溶存酸素量　*283*
葉肉細胞　*113*
羊膜類　*59*
葉緑体　*20,21,64,65,106*
抑制性シナプス後電位　*189*
四次構造　*77*

ら

ラクトースオペロン　*128,129*
ラギング鎖　*119*
卵　*137*
卵黄栓　*145*
卵割　*141*
卵割腔　*141,145*
卵原細胞　*137*
卵細胞　*205*
卵巣　*136*
ランダム分布　*234,235*
ランビエ絞輪　*181,185*

り

リーディング鎖　*119*
離層　*231*
リソソーム　*67*
利他行動　*255*
リプレッサー　*129*
リボース　*117*
リボソーム　*21,66,67,121,*
　　125
リボソーム RNA　*121*
流動モザイクモデル　*71*
リン脂質　*71*
リンネ　*51*

る

ルアー　*207*

類人猿　*61*
ルビスコ　*111*

れ

齢構成　*244,245*
レトロウイルス　*121*
連鎖　*29,30,31*
連鎖群　*33*

わ

渡り　*199*

榊原　隆人（さかきばら　たかひと）

　河合塾生物科講師。河合塾の数多くの模試や教材作成に携わっている。模試では、「全統共通テスト模試」および「全統記述模試」の作成チーフを務め、また、「名大入試オープン」の作題も担当。教材では、生物基礎通年テキスト、生物基礎講習テキスト、高2講習テキスト、および生物記述論述添削の作成を担当している。

　授業では「わかりやすく丁寧に」を心がけ、図や模型を用いて黒板の端から端まで動き回っている。黒板に何気なく描く絵が評判だとか。授業以外では、添削指導や医進クラスゼミなど、個々の生徒に合わせた指導を行っている。

　趣味はマラソン。日頃わずかな時間をつくって練習に励み、シーズンになると県内各地のマラソン大会に出場している。

大学合格新書
かいていばん　せいぶつはや　　　　　　いちもんいっとう
改訂版　生物早わかり　一問一答

2023年4月7日　初版発行
2024年6月25日　再版発行

著者／榊原　隆人

発行者／山下　直久

発行／株式会社KADOKAWA
〒102-8177　東京都千代田区富士見2-13-3
電話　0570-002-301（ナビダイヤル）

印刷所／大日本印刷株式会社
製本所／大日本印刷株式会社